营13东二段稠油油藏水驱转热采开发调整实践

DEVELOPMENT PRACTICE OF THERMAL RECOVERY AFTER WATER FLOODING
IN EAST 2 YING13 HEAVY OIL RESERVOIR

赵明宸　著

中国石油大学出版社
CHINA UNIVERSITY OF PETROLEUM PRESS

图书在版编目（CIP）数据

营13东二段稠油油藏水驱转热采开发调整实践/赵
明宸著. —东营：中国石油大学出版社，2015.4
ISBN 978-7-5636-4656-2

Ⅰ.①营… Ⅱ.①赵… Ⅲ.①高粘度油气田—水压驱
动—热力采油 Ⅳ.①TE341

中国版本图书馆 CIP 数据核字(2015)第 076273 号

书　　名：营13东二段稠油油藏水驱转热采开发调整实践
作　　者：赵明宸

责任编辑：穆丽娜（电话 0532—86981531）
封面设计：悟本设计

出　版　者：中国石油大学出版社（山东 东营　邮编 257061）
网　　址：http://www.uppbook.com.cn
电子信箱：shiyoujiaoyu@126.com
印　刷　者：山东临沂新华印刷物流集团有限责任公司
发　行　者：中国石油大学出版社（电话 0532—86981531,86983437）
开　　本：185 mm×260 mm　印张：12.5　字数：302 千字
版　　次：2015 年 4 月第 1 版第 1 次印刷
定　　价：68.00 元

前 言

　　营 13 断块东二段油藏位于东辛油田东营穹窿背斜核部,是由控制东辛油田格局的两条二级断层营 1 和营 8 断层形成的地堑断块区,东二段油藏埋深 1 460～1 700 m,东营组含油面积 4.3 km²,地质储量 1 070×10⁴ t。

　　营 13 断块东二段油藏属于多油层、高渗、强非均质,以微幅构造为主的构造-岩性常规稠油断块油藏,1979 年投入开发,共投产油井 49 口,初期产量平均 9.0 t/d。热采开发前还剩 17 口油井,开 12 口,平均单井日油能力 2.7 t/d,综合含水率 85.6%,开发效果不理想。自 2011 年起,通过对该块油藏地质资料的整理分析,对完井方式和热采工艺进行优选论证,并在该块油藏进行热采开发。截至 2013 年,先后对该块 22 口水平井进行稠油热采施工,目前正常开井 19 口,日产液 466.7 m³/d,日产油 112.8 t/d,累计增油 4.4×10⁴ t,热采开发效果理想。

　　本书共分为五章,第一章主要介绍营 13 东二段稠油油藏地质概况和开发历程;第二章介绍营 13 东二段稠油油藏水驱开发效果评价、开发存在的主要问题,分析剩余油及潜力;第三章针对低效水驱稠油油藏开展稠油油藏水驱转热采可行性研究,深入分析营 13 东二段油藏转热采开发调整对策;第四章介绍营 13 东二段油藏转热采油藏工程、油藏保护工艺技术、钻(完)井工程和采油工程开发调整方案;第五章介绍营 13 东二段油藏热采概况、转周时机、含水上升规律及水平井防窜空水优化技术。本书较为系统地总结了营 13 东二段稠油油藏水驱转热采开发调整技术与实践,对提高同类型油藏开发效果具有一定的指导和借鉴意义。

　　本书可供从事油田开发的科研人员、生产管理人员以及石油相关院校师生参考,也可作为油田技术人员培训或工程继续教育培训教材。

　　本书是东辛采油厂勘探地质与开发工作者长期研究与实践的集体成果。本书前言与第一章由赵明宸、董睿执笔;第二章由赵明宸、李明川、陈媛媛执笔;第三章由赵明宸、李明川、徐赋海执笔;第四章由赵明宸、徐赋海、李明川执笔;第五章由赵明宸、徐赋海、朱大伟执笔。全书由赵明宸统稿并审定。

在本书编写过程中,中国石油大学(华东)、胜利油田地质研究院、东辛采油厂地质研究所及工艺研究所等多名同志提供了研究成果和有关资料,胜利油田地质研究院杨勇副院长、东辛采油厂王洪宝厂长和中国石油大学(华东)李兆敏教授等提出了许多宝贵的意见,在此一并表示衷心的感谢。

由于作者水平和知识所限,书中难免存在片面和不足之处,恳请广大读者批评指正。

作　者
2015 年 3 月

目 录 ■◆

Contents

第一章　营13东二段稠油油藏概况 ……………………………………… 1

　第一节　地质概况 ……………………………………………………… 1

　　一、构造特征 ………………………………………………………… 2

　　二、储集层特征 ……………………………………………………… 2

　　三、流体性质 ………………………………………………………… 7

　　四、温度、压力系统 ………………………………………………… 8

　　五、油藏类型 ………………………………………………………… 8

　第二节　开发历程 ……………………………………………………… 8

第二章　营13东二段稠油油藏开发效果及潜力分析 ………………… 10

　第一节　营13东二段油藏开发效果评价 …………………………… 10

　　一、注水油藏开发效果评价指标 ………………………………… 10

　　二、营13东二段油藏开发效果评价 ……………………………… 19

　第二节　营13东二段稠油油藏开发存在问题及潜力分析 ………… 29

　　一、营13东二段油藏开发存在的主要问题 ……………………… 29

　　二、营13东二段油藏剩余油及潜力分析 ………………………… 32

第三章　营13东二段油藏水驱转热采开发调整对策 ………………… 51

　第一节　稠油油藏低效水驱原因 …………………………………… 51

　　一、稠油油藏水驱油过程 ………………………………………… 51

　　二、稠油油藏低效水驱原因分析 ………………………………… 54

　　三、营13东二段稠油油藏水驱油特征 …………………………… 58

　第二节　稠油油藏水驱转热采可行性研究 ………………………… 59

　　一、稠油油藏水驱转热采现状 …………………………………… 59

二、稠油油藏水驱转热采可行性 ･･････････････････････････････････････ 61

第三节　稠油油藏水驱转热采开发调整对策 ･････････････････････････････ 73

一、稠油油藏水驱转热采开发调整影响因素界限 ･････････････････ 73

二、营 13 东二段油藏水驱转热采开发调整对策 ･････････････････ 86

第四章　营 13 东二段油藏水驱转热采开发调整方案 ･･････････････････････ 97

第一节　营 13 东二段油藏开发调整油藏工程方案 ･･･････････････････････ 97

一、开发调整方案设计遵循的原则 ･･･････････････････････････････ 97

二、营 13 东二段油藏开发调整方案部署 ･････････････････････････ 97

三、营 13 东二段油藏开发调整参数指标预测 ･････････････････････ 99

第二节　营 13 东二段油藏油层保护工艺 ･･･････････････････････････････ 103

一、储层伤害因素分析 ･･･ 103

二、高效防膨剂筛选 ･･･ 104

三、开发全过程的油层保护 ･･･････････････････････････････････････ 105

第三节　营 13 东二段油藏开发调整钻、完井工程方案 ･･･････････････････ 106

一、井眼轨道优化设计 ･･･ 106

二、井身结构优化设计 ･･･ 109

三、钻井液 ･･･ 112

四、钻、完井方案 ･･･ 114

五、钻井工程配套方案 ･･･ 118

第四节　营 13 东二段油藏开发调整采油工程方案 ･･･････････････････････ 121

一、完井工艺方案 ･･･ 121

二、注汽工艺设计 ･･･ 129

三、举升工艺 ･･･ 132

四、监测工艺 ･･･ 134

第五节　营 13 东二段油藏健康、安全、环境管理体系要求 ･････････････ 135

一、环境保护 ･･･ 135

二、健康及安全 ･･･ 136

第五章　营 13 东二段油藏热采水平井防窜控水开发实践 ･･･････････････ 139

第一节　营 13 东二段油藏热采概况 ･･･････････････････････････････････ 139

一、营 13 东二段稠油油藏热采开发概况 ･････････････････････････ 139

二、营 13 东二段稠油油藏热采工艺概况 ･････････････････････････ 141

三、营 13 东二段稠油油藏热采现状 ･････････････････････････････ 145

第二节　营 13 东二段油藏热采水平井转周时机数值模拟 ･･･････････････ 145

一、数值地质模型 ･･･ 145

二、生产历史拟合 ･･･ 149

三、生产动态预测 ………………………………………………………………… 151

第三节　营13东二段油藏热采水平井含水上升规律及找水技术………… 164

一、热采开发后储层物性变化研究 …………………………………………… 164

二、营13油藏热采水平井含水上升规律 ……………………………………… 166

三、热采水平井找水技术 ……………………………………………………… 168

四、营13平13井高含水原因 …………………………………………………… 170

第四节　营13东二段油藏热采水平井防窜控水技术优化………………… 172

一、热采水平井控水堵剂机理 ………………………………………………… 172

二、热采水平井控水堵剂室内实验 …………………………………………… 174

三、热采水平井井底压力与堵剂封堵性能要求 ……………………………… 178

第五节　营13东二段油藏热采水平井防窜控水现场试验………………… 182

一、营13平13井防窜控水现场试验 …………………………………………… 182

二、营13平16井防窜控水现场试验 …………………………………………… 184

参考文献 ……………………………………………………………………… 187

营13东二段稠油油藏水驱转热采开发调整实践

DEVELOPMENT PRACTICE OF THERMAL RECOVERY AFTER WATER FLOODING IN EAST 2 YING13 HEAVY OIL RESERVOIR

赵明宸　著

中国石油大学出版社
CHINA UNIVERSITY OF PETROLEUM PRESS

图书在版编目（CIP）数据

营13东二段稠油油藏水驱转热采开发调整实践/赵
明宸著. —东营：中国石油大学出版社，2015.4
ISBN 978-7-5636-4656-2

Ⅰ.①营… Ⅱ.①赵… Ⅲ.①高粘度油气田—水压驱
动—热力采油 Ⅳ.①TE341

中国版本图书馆 CIP 数据核字(2015)第 076273 号

书　　名：营13东二段稠油油藏水驱转热采开发调整实践
作　　者：赵明宸

责任编辑：穆丽娜(电话 0532—86981531)
封面设计：悟本设计

出 版 者：中国石油大学出版社(山东 东营　邮编 257061)
网　　址：http://www.uppbook.com.cn
电子信箱：shiyoujiaoyu@126.com
印 刷 者：山东临沂新华印刷物流集团有限责任公司
发 行 者：中国石油大学出版社(电话 0532—86981531,86983437)
开　　本：185 mm×260 mm　印张:12.5　字数:302 千字
版　　次：2015 年 4 月第 1 版第 1 次印刷
定　　价：68.00 元

前　言

营 13 断块东二段油藏位于东辛油田东营穹窿背斜核部,是由控制东辛油田格局的两条二级断层营 1 和营 8 断层形成的地堑断块区,东二段油藏埋深 1 460～1 700 m,东营组含油面积 4.3 km²,地质储量 1 070×10⁴ t。

营 13 断块东二段油藏属于多油层、高渗、强非均质,以微幅构造为主的构造-岩性常规稠油断块油藏,1979 年投入开发,共投产油井 49 口,初期产量平均 9.0 t/d。热采开发前还剩 17 口油井,开 12 口,平均单井日油能力 2.7 t/d,综合含水率 85.6%,开发效果不理想。自 2011 年起,通过对该块油藏地质资料的整理分析,对完井方式和热采工艺进行优选论证,并在该块油藏进行热采开发。截至 2013 年,先后对该块 22 口水平井进行稠油热采施工,目前正常开井 19 口,日产液 466.7 m³/d,日产油 112.8 t/d,累计增油 4.4×10⁴ t,热采开发效果理想。

本书共分为五章,第一章主要介绍营 13 东二段稠油油藏地质概况和开发历程;第二章介绍营 13 东二段稠油油藏水驱开发效果评价、开发存在的主要问题,分析剩余油及潜力;第三章针对低效水驱稠油油藏开展稠油油藏水驱转热采可行性研究,深入分析营 13 东二段油藏转热采开发调整对策;第四章介绍营 13 东二段油藏转热采油藏工程、油藏保护工艺技术、钻(完)井工程和采油工程开发调整方案;第五章介绍营 13 东二段油藏热采概况、转周时机、含水上升规律及水平井防窜空水优化技术。本书较为系统地总结了营 13 东二段稠油油藏水驱转热采开发调整技术与实践,对提高同类型油藏开发效果具有一定的指导和借鉴意义。

本书可供从事油田开发的科研人员、生产管理人员以及石油相关院校师生参考,也可作为油田技术人员培训或工程继续教育培训教材。

本书是东辛采油厂勘探地质与开发工作者长期研究与实践的集体成果。本书前言与第一章由赵明宸、董睿执笔;第二章由赵明宸、李明川、陈媛媛执笔;第三章由赵明宸、李明川、徐赋海执笔;第四章由赵明宸、徐赋海、李明川执笔;第五章由赵明宸、徐赋海、朱大伟执笔。全书由赵明宸统稿并审定。

在本书编写过程中,中国石油大学(华东)、胜利油田地质研究院、东辛采油厂地质研究所及工艺研究所等多名同志提供了研究成果和有关资料,胜利油田地质研究院杨勇副院长、东辛采油厂王洪宝厂长和中国石油大学(华东)李兆敏教授等提出了许多宝贵的意见,在此一并表示衷心的感谢。

由于作者水平和知识所限,书中难免存在片面和不足之处,恳请广大读者批评指正。

作　者
2015 年 3 月

目　录

Contents

第一章　营 13 东二段稠油油藏概况 ·· 1

　第一节　地质概况 ··· 1

　　一、构造特征 ·· 2

　　二、储集层特征 ·· 2

　　三、流体性质 ·· 7

　　四、温度、压力系统 ·· 8

　　五、油藏类型 ·· 8

　第二节　开发历程 ··· 8

第二章　营 13 东二段稠油油藏开发效果及潜力分析 ··························· 10

　第一节　营 13 东二段油藏开发效果评价 ······································ 10

　　一、注水油藏开发效果评价指标 ··· 10

　　二、营 13 东二段油藏开发效果评价 ·· 19

　第二节　营 13 东二段稠油油藏开发存在问题及潜力分析 ····················· 29

　　一、营 13 东二段油藏开发存在的主要问题 ···································· 29

　　二、营 13 东二段油藏剩余油及潜力分析 ······································ 32

第三章　营 13 东二段油藏水驱转热采开发调整对策 ·························· 51

　第一节　稠油油藏低效水驱原因 ·· 51

　　一、稠油油藏水驱油过程 ··· 51

　　二、稠油油藏低效水驱原因分析 ··· 54

　　三、营 13 东二段稠油油藏水驱油特征 ·· 58

　第二节　稠油油藏水驱转热采可行性研究 ······································ 59

　　一、稠油油藏水驱转热采现状 ··· 59

　　二、稠油油藏水驱转热采可行性 ··· 61

　第三节　稠油油藏水驱转热采开发调整对策 ······································· 73

　　一、稠油油藏水驱转热采开发调整影响因素界限 ························· 73

　　二、营 13 东二段油藏水驱转热采开发调整对策 ························· 86

第四章　营 13 东二段油藏水驱转热采开发调整方案 ······················· 97

　第一节　营 13 东二段油藏开发调整油藏工程方案 ························· 97

　　一、开发调整方案设计遵循的原则 ··· 97

　　二、营 13 东二段油藏开发调整方案部署 ····································· 97

　　三、营 13 东二段油藏开发调整参数指标预测 ····························· 99

　第二节　营 13 东二段油藏油层保护工艺 ······································· 103

　　一、储层伤害因素分析 ··· 103

　　二、高效防膨剂筛选 ·· 104

　　三、开发全过程的油层保护 ·· 105

　第三节　营 13 东二段油藏开发调整钻、完井工程方案 ··················· 106

　　一、井眼轨道优化设计 ··· 106

　　二、井身结构优化设计 ··· 109

　　三、钻井液 ·· 112

　　四、钻、完井方案 ··· 114

　　五、钻井工程配套方案 ··· 118

　第四节　营 13 东二段油藏开发调整采油工程方案 ························· 121

　　一、完井工艺方案 ··· 121

　　二、注汽工艺设计 ··· 129

　　三、举升工艺 ··· 132

　　四、监测工艺 ··· 134

　第五节　营 13 东二段油藏健康、安全、环境管理体系要求 ············· 135

　　一、环境保护 ··· 135

　　二、健康及安全 ·· 136

第五章　营 13 东二段油藏热采水平井防窜控水开发实践 ··············· 139

　第一节　营 13 东二段油藏热采概况 ··· 139

　　一、营 13 东二段稠油油藏热采开发概况 ··································· 139

　　二、营 13 东二段稠油油藏热采工艺概况 ··································· 141

　　三、营 13 东二段稠油油藏热采现状 ··· 145

　第二节　营 13 东二段油藏热采水平井转周时机数值模拟 ··············· 145

　　一、数值地质模型 ··· 145

　　二、生产历史拟合 ··· 149

　　三、生产动态预测 ……………………………………………………… 151

第三节　营13东二段油藏热采水平井含水上升规律及找水技术 ………… 164

　　一、热采开发后储层物性变化研究 …………………………………… 164

　　二、营13油藏热采水平井含水上升规律 ……………………………… 166

　　三、热采水平井找水技术 ……………………………………………… 168

　　四、营13平13井高含水原因 …………………………………………… 170

第四节　营13东二段油藏热采水平井防窜控水技术优化 ………………… 172

　　一、热采水平井控水堵剂机理 ………………………………………… 172

　　二、热采水平井控水堵剂室内实验 …………………………………… 174

　　三、热采水平井井底压力与堵剂封堵性能要求 ……………………… 178

第五节　营13东二段油藏热采水平井防窜控水现场试验 ………………… 182

　　一、营13平13井防窜控水现场试验 …………………………………… 182

　　二、营13平16井防窜控水现场试验 …………………………………… 184

参考文献 ……………………………………………………………………… 187

第一章

营 13 东二段稠油油藏概况

营 13 断块东二段油藏位于东辛油田东营穹窿背斜核部,是由控制东辛油田格局的两条二级断层营 1 和营 8 断层形成的地垒断块区,东二段油藏埋深 1 460～1 700 m,含油面积 3.8 km²,地质储量 439×10⁴ t。

第一节　地质概况

东辛油田营 13 断块位于山东省东营市东营区内,构造上位于东营凹陷中央隆起带东营穹窿背斜中央塌陷区北部,南为营 1 断块,西面通过营 1 大断层与营 14、营 33 断块相邻,东接营 72 断块。该断块构造破碎,断层极为发育,其中断块南部构造极为复杂,中部次之,北部构造简单(图 1-1-1)。该区的东营组含油面积 4.3 km²,地质储量 1 070×10⁴ t,含油层位为

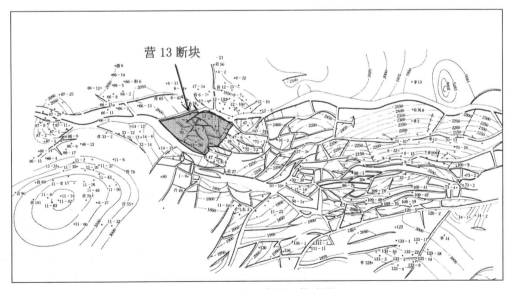

图 1-1-1　营 13 断块区构造图

东一段至东三段。东营组构造复杂,储层变化大,油稠出砂,无注水井,储量动用差。

一、构造特征

营 13 断块位于营 8 大断层西部末端下降盘及营 1 大断层下降盘,是被两条二级断层夹持的地垒构造,主要分为 4 个断块区域,受主力断块的影响在断块核部地层的走势变缓,形成一个较为有利于油气聚集的环拱形背斜构造,成为高"平台区",而最主力的区块是高"平台区"区域(图 1-1-2)。东二段平台区域上受河道展布、不同期次河流摆动的影响,高平台的微高部位发生局部改变,地层整体呈现核部高、周边低的穹窿微背斜状,"平台区"地层倾角为 $0.5°\sim1.5°$,向外逐渐呈现变陡的趋势,从 $3°\sim4°$ 变到 $5°\sim6°$,其中营 8 断层与 F4 断层夹持的 1 区地层最陡,约 $6°\sim7.5°$。

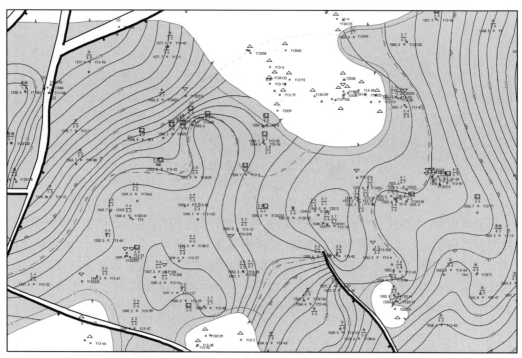

图 1-1-2 营 13 断块区东二 3^{1-2} 小层顶面微构造图

二、储集层特征

1. 岩石学特征

营 13 断块东营组为河流相沉积,其岩性上部为灰绿色泥岩夹灰白色砂岩、含砾砂岩、灰白色块状砂岩;中部为棕红、紫红、灰绿色泥岩及细—粗砂岩、含砾—砾状砂岩互层。

根据营 13 断块营 13-21 井取心化验分析资料(表 1-1-1),东营组东二段砂岩中石英含量为 $40\%\sim45\%$,长石含量为 $40\%\sim45\%$,岩屑含量为 $20\%\sim35\%$,砂岩成熟度低,胶结疏松,胶结类型为基底式胶结,岩石分选中等—差,磨圆中等,组构多属杂基支撑式,粒间孔隙大,连通好。泥质含量为 $8\%\sim35\%$,其中伊/蒙混层占 $22.2\%\sim61.8\%$,伊利石占 $1.4\%\sim5.49\%$,高岭石占 $34.7\%\sim67.6\%$,绿泥石占 $5.5\%\sim7.9\%$,黄铁矿占 0.38%;碳酸盐含量为 0.1%～5%,储层成岩作用差,胶结疏松,呈孔隙—接触式胶结,胶结物含量低,泥质含量 3.4%～5%,碳酸盐含量 0.08%～0.23%。在胶结物含量高的粉砂岩中,伊/蒙混层含量较高,容易引起水敏伤害。

表 1-1-1 营 13 断块营 13-21 井黏土矿物 X 射线分析表

样品号	层 位	井段/m	岩 性	黏土矿物相对含量/%				
				伊/蒙混层	伊利石	高岭石	绿泥石	伊/蒙混层蒙脱石含量
1	东二	1 513.30～1 520.72	砂 岩	88	8	3	1	80
2	东二	1 520.72～1 524.28	砂 岩	74	13	11	5	80
3	东二	1 520.72～1 524.28	砂 岩	74	8	13	5	80
4	东二	1 524.28～1 529.65	砂 岩	89	6	3	2	80

2. 沉积相特征

营 13 断块东二亚段砂体具有明显的正韵律特征,沉积类型主要是河流相沉积,进一步可划分为曲流河亚相和辫状河亚相两种类型(图 1-1-3)。东二 1～4 东辛浅层河流相的发育类型并不是非常典型,具有一定的混相和过渡相的特征。主要微相类型有心滩、边滩、决口扇、天然堤、河漫滩、牛轭湖等。东二 1^1～东二 2^1 与东二 4^1～东二 4^3 两个层段为主要的曲流河沉积发育层段。

3. 储层特征

(1)储层展布。

东二 3 砂层组的砂层数、单砂层厚度、砂层组的砂层总厚度最大,这是因为该砂层组为辫状河大量发育,砂体多期叠置;东二 1 砂层组的砂层总厚度及砂岩密度较小,为曲流河沉积,发育曲流河道。

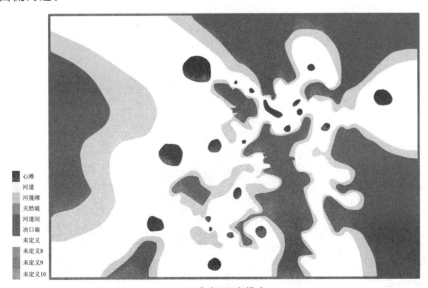

心滩
河道
河漫滩
天然堤
河道间
决口扇
未定义
未定义8
未定义9
未定义10

(a)曲流河沉积模式

图 1-1-3 营 13 断块区东二 2^1 和 4^6 小层沉积微相图

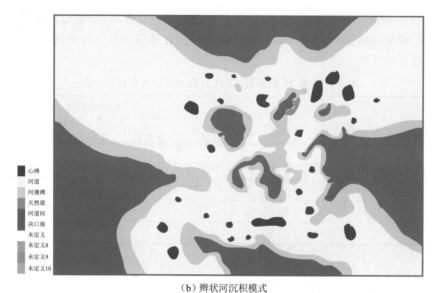

（b）辫状河沉积模式

图 1-1-3（续） 营 13 断块区东二 2^1 和 4^6 小层沉积微相图

平面上构造高部位的油层发育较多,纵向上剖面顶部的油层较多,这与油气运移的原理有关。

（2）非均值性。

渗透率在平面上的变化规律与油层厚度、岩性基本一致,体现了沉积相带的不同。心滩、河道主体部位砂岩物性好,渗透率高,而河道边部、间湾沉积岩性细,厚度薄,物性差;"平台区"高部位的渗透率较其周边地区要明显偏高(图 1-1-4)。

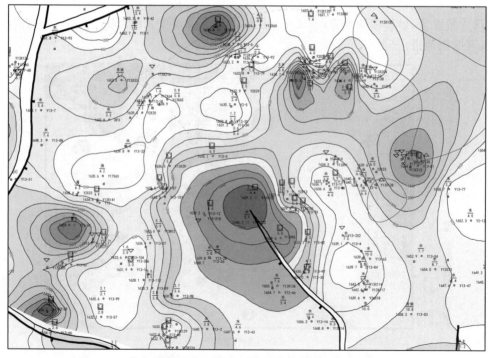

图 1-1-4 营 13 断块区东二 4^4 小层渗透率等值图(单位为 10^{-3} μm^2)

营 13 断块平均孔隙度 31%，渗透率范围 $96 \times 10^{-3} \sim 4\,756 \times 10^{-3}$ μm^2，平均渗透率 $2\,568 \times 10^{-3}$ μm^2，渗透率级差 10.8，层间非均质性较强（图 1-1-5）。

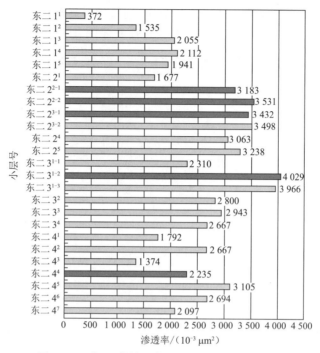

图 1-1-5　营 13 断块区东二段小层渗透率分布图

砂体内由层内物性的非均质差异导致夹层的出现。夹层主要有三类：灰质夹层、泥质夹层和物性夹层。夹层均会在微电位、微梯度和自然电位曲线上有较为明显的电性显示，而层内非均质性和夹层的存在成为细分韵律层挖潜的工作重点。通过研究厚层砂体的夹层，绘制了营 13 东二 $2^{2(1\text{-}2)}$ 隔夹层等厚图（图 1-1-6）。

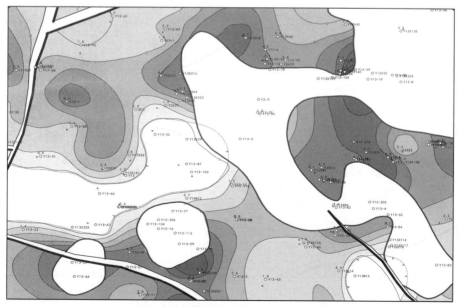

图 1-1-6　营 13 断块区东二 $2^{2(1\text{-}2)}$ 隔夹层等厚图

4. 流体分布

平面上，主力含油小层在断块区内连片分布，构造的微高部位成为有利的含油分布区域；非主力含油小层分布受断层及岩性控制，连片性差（图 1-1-7）。

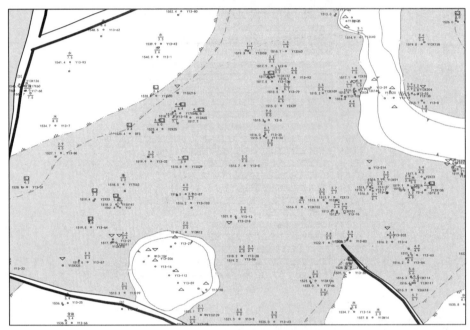

（a）营 13 东二 2^{2-2} 小层平面图

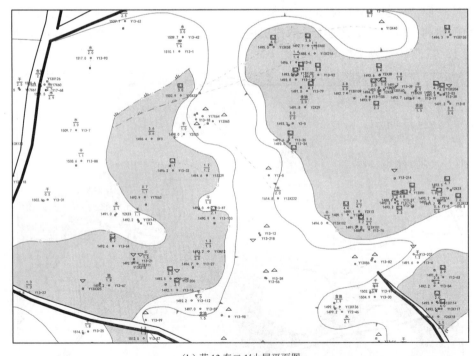

（b）营 13 东二 1^4 小层平面图

图 1-1-7　营 13 断块区平面油层分布图

纵向上,含油层主要分布于辫状河多期叠置的东二2砂层组的中下部,是含油的富集部位(图1-1-8)。

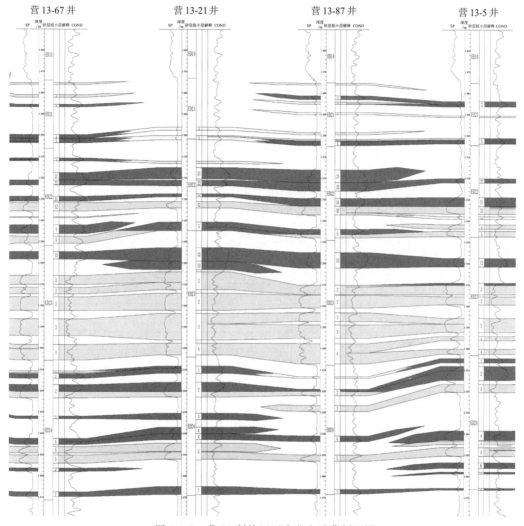

图1-1-8 营13断块区近南北向油藏剖面图

三、流体性质

营13断块东二段原油性质在开发初期为低黏度轻质稀油,地面原油密度0.841 1~0.922 6 g/cm³,平均为0.873 7 g/cm³,地下原油密度0.776 g/cm³,地面原油黏度4.92~235 mPa·s,平均37 mPa·s,地下原油黏度2.97 mPa·s,原油体积系数1.179~1.245,平均1.195 6,原始气油比62.4 m³/t。随着油藏的开采以及地层压力和温度的下降,原油中轻烃组分采出得越来越多,剩余油重烃组分相对增加,密度和黏度有所增大。统计1998—2003年的原油物性,与开发初期相比,地面原油密度和黏度均增大,其中地面原油密度0.875 9~0.962 5 g/cm³,平均0.912 6 g/cm³,地面原油黏度8.84~1 651 mPa·s,平均317 mPa·s。

地层水总矿化度13 413~261 774 mg/L,平均79 669 mg/L,水型为CaCl₂型。

四、温度、压力系统

营 13 断块东二段原始地层压力 15.4 MPa,地层温度 70 ℃,地温梯度 4.4 ℃/100 m。

五、油藏类型

营 13 断块东二段属于多油层、高渗、强非均质,以微幅构造为主的构造-岩性常规稠油断块油藏。

第二节　开发历程

东辛油田营 13 东二段复杂断块稠油油藏于 1978 年进行试油试采,1979 年依靠天然能量投入开发,大致经历了以下三个开发阶段(图 1-2-1)。

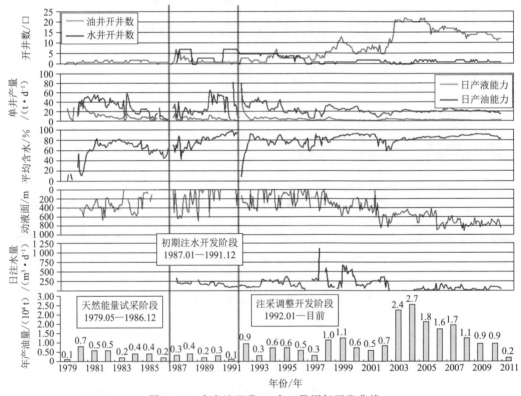

图 1-2-1　东辛油田营 13 东二段历年开发曲线

1. 天然能量试采阶段(1979.05—1986.12)

该块于 1978 年进行试油试采,共有试采井 2 口,采用天然能量进行开发,初期地层能量充足,单井产能较高,但含水上升快,油井没有无水采油期。阶段平均年产油量 0.38×10⁴ t,采油速度 0.1%,阶段末累计产油 3.0×10⁴ t,采出程度 0.7%,含水 64.5%。

营 13 东二段稠油油藏概况

营 13 断块东二段油藏位于东辛油田东营穹窿背斜核部,是由控制东辛油田格局的两条二级断层营 1 和营 8 断层形成的地堑断块区,东二段油藏埋深 1 460～1 700 m,含油面积 3.8 km²,地质储量 439×10^4 t。

第一节　地质概况

东辛油田营 13 断块位于山东省东营市东营区内,构造上位于东营凹陷中央隆起带东营穹隆背斜中央塌陷区北部,南为营 1 断块,西面通过营 1 大断层与营 14、营 33 断块相邻,东接营 72 断块。该断块构造破碎,断层极为发育,其中断块南部构造极为复杂,中部次之,北部构造简单(图 1-1-1)。该区的东营组含油面积 4.3 km²,地质储量 $1\,070 \times 10^4$ t,含油层位为

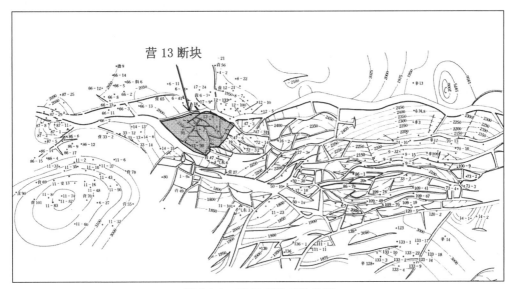

图 1-1-1　营 13 断块区构造图

东一段至东三段。东营组构造复杂,储层变化大,油稠出砂,无注水井,储量动用差。

一、构造特征

营 13 断块位于营 8 大断层西部末端下降盘及营 1 大断层下降盘,是被两条二级断层夹持的地堑构造,主要分为 4 个断块区域,受主力断块的影响在断块核部地层的走势变缓,形成一个较为有利于油气聚集的环拱形背斜构造,成为高"平台区",而最主力的区块是高"平台区"区域(图 1-1-2)。东二段平台区域上受河道展布、不同期次河流摆动的影响,高平台的微高部位发生局部改变,地层整体呈现核部高、周边低的穹隆微背斜状,"平台区"地层倾角为 $0.5°\sim1.5°$,向外逐渐呈现变陡的趋势,从 $3°\sim4°$ 变到 $5°\sim6°$,其中营 8 断层与 F4 断层夹持的 1 区地层最陡,约 $6°\sim7.5°$。

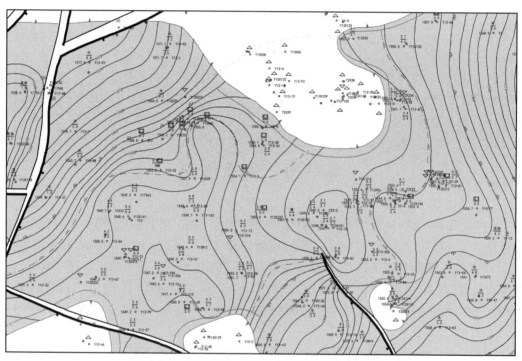

图 1-1-2　营 13 断块区东二 3^{1-2} 小层顶面微构造图

二、储集层特征

1. 岩石学特征

营 13 断块东营组为河流相沉积,其岩性上部为灰绿色泥岩夹灰白色砂岩、含砾砂岩、灰白色块状砂岩;中部为棕红、紫红、灰绿色泥岩及细—粗砂岩、含砾—砾状砂岩互层。

根据营 13 断块营 13-21 井取心化验分析资料(表 1-1-1),东营组东二段砂岩中石英含量为 $40\%\sim45\%$,长石含量为 $40\%\sim45\%$,岩屑含量为 $20\%\sim35\%$,砂岩成熟度低,胶结疏松,胶结类型为基底式胶结,岩石分选中等—差,磨圆中等,组构多属杂基支撑式,粒间孔隙大,连通好。泥质含量为 $8\%\sim35\%$,其中伊/蒙混层占 $22.2\%\sim61.8\%$,伊利石占 $1.4\%\sim5.49\%$,高岭石占 $34.7\%\sim67.6\%$,绿泥石占 $5.5\%\sim7.9\%$,黄铁矿占 0.38%;碳酸盐含量为 0.1％～5％,储层成岩作用差,胶结疏松,呈孔隙—接触式胶结,胶结物含量低,泥质含量3.4％～5％,碳酸盐含量 0.08％～0.23％。在胶结物含量高的粉砂岩中,伊/蒙混层含量较高,容易引起水敏伤害。

表 1-1-1 营 13 断块营 13-21 井黏土矿物 X 射线分析表

样品号	层 位	井段/m	岩 性	黏土矿物相对含量/％				
				伊/蒙混层	伊利石	高岭石	绿泥石	伊/蒙混层蒙脱石含量
1	东二	1 513.30～1 520.72	砂 岩	88	8	3	1	80
2	东二	1 520.72～1 524.28	砂 岩	74	13	11	5	80
3	东二	1 520.72～1 524.28	砂 岩	74	8	13	5	80
4	东二	1 524.28～1 529.65	砂 岩	89	6	3	2	80

2. 沉积相特征

营 13 断块东二亚段砂体具有明显的正韵律特征,沉积类型主要是河流相沉积,进一步可划分为曲流河亚相和辫状河亚相两种类型(图 1-1-3)。东二 1～4 东辛浅层河流相的发育类型并不是非常典型,具有一定的混相和过渡相的特征。主要微相类型有心滩、边滩、决口扇、天然堤、河漫滩、牛轭湖等。东二 2^1～东二 2^1 与东二 4^1～东二 4^3 两个层段为主要的曲流河沉积发育层段。

3. 储层特征

(1) 储层展布。

东二 3 砂层组的砂层数、单砂层厚度、砂层组的砂层总厚度最大,这是因为该砂层组为辫状河大量发育,砂体多期叠置;东二 1 砂层组的砂层总厚度及砂岩密度较小,为曲流河沉积,发育曲流河道。

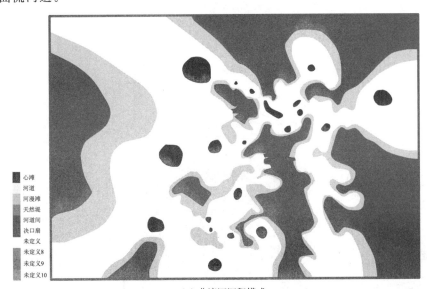

心滩
河道
河漫滩
天然堤
河道间
决口扇
未定义
未定义8
未定义9
未定义10

(a)曲流河沉积模式

图 1-1-3 营 13 断块区东二 2^1 和 4^6 小层沉积微相图

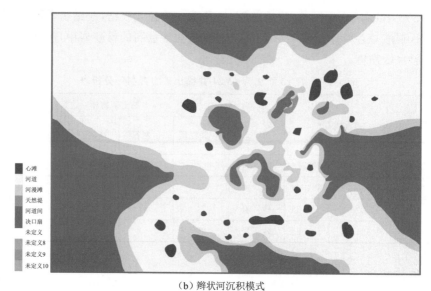

（b）辫状河沉积模式

图 1-1-3（续） 营 13 断块区东二 2^1 和 4^6 小层沉积微相图

平面上构造高部位的油层发育较多，纵向上剖面顶部的油层较多，这与油气运移的原理有关。

（2）非均值性。

渗透率在平面上的变化规律与油层厚度、岩性基本一致，体现了沉积相带的不同。心滩、河道主体部位砂岩物性好，渗透率高，而河道边部、间湾沉积岩性细，厚度薄，物性差；"平台区"高部位的渗透率较其周边地区要明显偏高（图 1-1-4）。

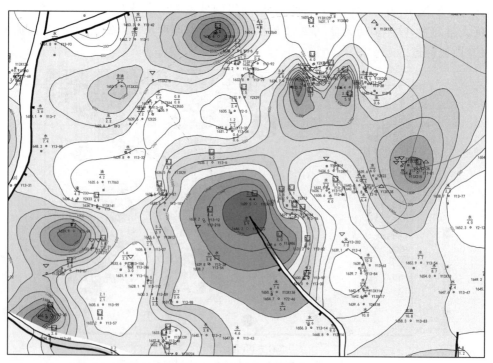

图 1-1-4 营 13 断块区东二 4^4 小层渗透率等值图（单位为 10^{-3} μm^2）

营13断块平均孔隙度31%，渗透率范围$96 \times 10^{-3} \sim 4\ 756 \times 10^{-3}\ \mu m^2$，平均渗透率$2\ 568 \times 10^{-3}\ \mu m^2$，渗透率级差10.8，层间非均质性较强（图1-1-5）。

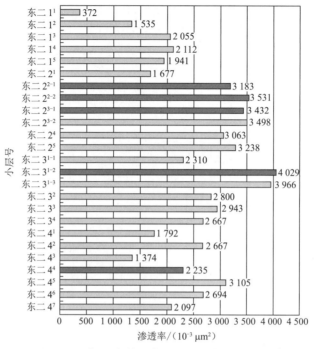

图1-1-5　营13断块区东二段小层渗透率分布图

砂体内由层内物性的非均质差异导致夹层的出现。夹层主要有三类：灰质夹层、泥质夹层和物性夹层。夹层均会在微电位、微梯度和自然电位曲线上有较为明显的电性显示，而层内非均质性和夹层的存在成为细分韵律层挖潜的工作重点。通过研究厚层砂体的夹层，绘制了营13东二$2^{2(1-2)}$隔夹层等厚图（图1-1-6）。

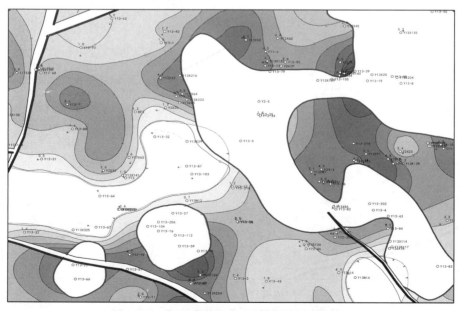

图1-1-6　营13断块区东二$2^{2(1-2)}$隔夹层等厚图

4. 流体分布

平面上，主力含油小层在断块区内连片分布，构造的微高部位成为有利的含油分布区域；非主力含油小层分布受断层及岩性控制，连片性差（图 1-1-7）。

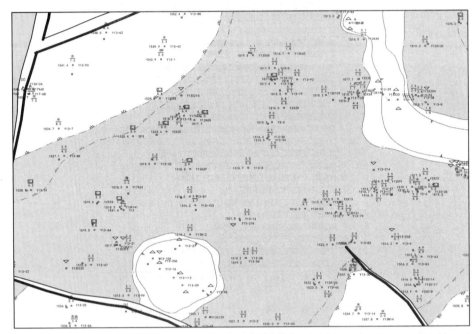

（a）营 13 东二 2^{2-2} 小层平面图

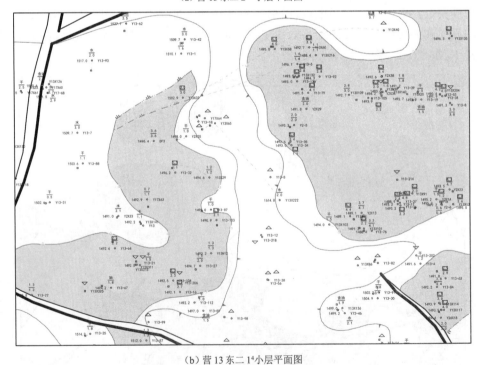

（b）营 13 东二 1^4 小层平面图

图 1-1-7　营 13 断块区平面油层分布图

纵向上,含油层主要分布于辫状河多期叠置的东二2砂层组的中下部,是含油的富集部位(图1-1-8)。

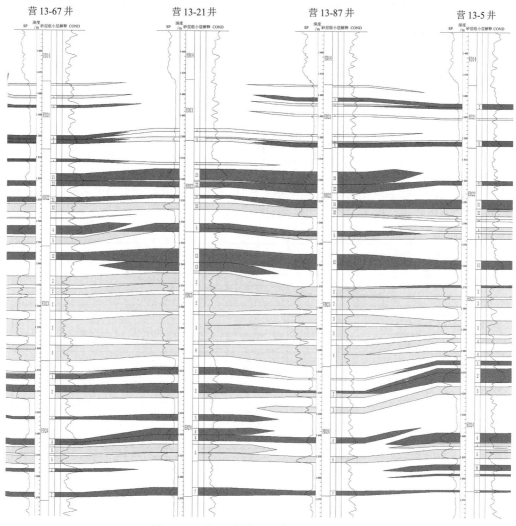

图1-1-8　营13断块区近南北向油藏剖面图

三、流体性质

营13断块东二段原油性质在开发初期为低黏度轻质稀油,地面原油密度 0.841 1～0.922 6 g/cm³,平均为 0.873 7 g/cm³,地下原油密度 0.776 g/cm³,地面原油黏度 4.92～235 mPa·s,平均 37 mPa·s,地下原油黏度 2.97 mPa·s,原油体积系数 1.179～1.245,平均 1.195 6,原始气油比 62.4 m³/t。随着油藏的开采以及地层压力和温度的下降,原油中轻烃组分采出得越来越多,剩余油重烃组分相对增加,密度和黏度有所增大。统计1998—2003年的原油物性,与开发初期相比,地面原油密度和黏度均增大,其中地面原油密度 0.875 9～0.962 5 g/cm³,平均 0.912 6 g/cm³,地面原油黏度 8.84～1 651 mPa·s,平均 317 mPa·s。

地层水总矿化度 13 413～261 774 mg/L,平均 79 669 mg/L,水型为 $CaCl_2$ 型。

四、温度、压力系统

营 13 断块东二段原始地层压力 15.4 MPa,地层温度 70 ℃,地温梯度 4.4 ℃/100 m。

五、油藏类型

营 13 断块东二段属于多油层、高渗、强非均质,以微幅构造为主的构造-岩性常规稠油断块油藏。

第二节　开发历程

东辛油田营 13 东二段复杂断块稠油油藏于 1978 年进行试油试采,1979 年依靠天然能量投入开发,大致经历了以下三个开发阶段(图 1-2-1)。

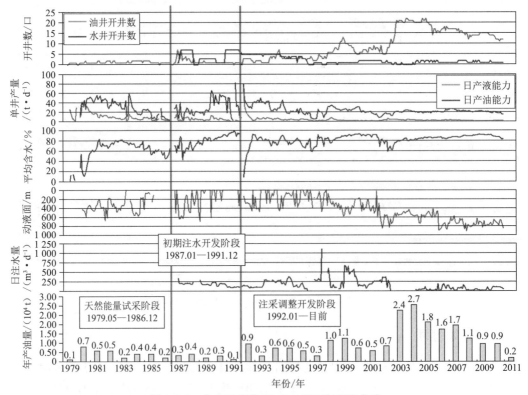

图 1-2-1　东辛油田营 13 东二段历年开发曲线

1. 天然能量试采阶段(1979.05—1986.12)

该块于 1978 年进行试油试采,共有试采井 2 口,采用天然能量进行开发,初期地层能量充足,单井产能较高,但含水上升快,油井没有无水采油期。阶段平均年产油量 0.38×10^4 t,采油速度 0.1%,阶段末累计产油 3.0×10^4 t,采出程度 0.7%,含水 64.5%。

2. 初期注水开发阶段(1987.01—1991.12)

1987 年,该块陆续转注水开发,新投油井 5 口,水井 5 口,受边底水影响,含水达 90% 以上。阶段平均年产油量 0.38×10^4 t,采油速度 0.1%,阶段末累计产油 6.0×10^4 t,采出程度 1.4%,累计注水 194.5×10^4 m^3,含水 84.8%。

3. 注采调整开发阶段(1992.01—目前)

1995 年,老井上返,该块进入注采调整开发阶段,新投油井 4 口,转注 1 口,大部分高含水井关停,呈现低产、低速的"双低"开发特征。阶段平均年产油量 1.1×10^4 t,采油速度 0.3%,阶段累计产油 24.4×10^4 t,采出程度 5.6%,累计注水 321.3×10^4 m^3,含水 83.9%。

截止到 2011 年 8 月,营 13 东二段水井总井数 9 口,开井 1 口,单井日注能力 59.4 m^3/d,年注水量 3.5×10^4 m^3;油井总井数 49 口,开井 12 口,单井日产液 15.5 m^3/d,单井日产油 2.5 t/d,油井综合含水 83.9%,平均动液面 864 m,年产油 0.9×10^4 t,采油速度 0.2%,累计产油 24.4×10^4 t,采出程度 5.6%,累计产水 126.1×10^4 m^3,累计注水 321.3×10^4 m^3,累计亏空 170.8×10^4 m^3,累计注采比 2.1。

第二章

营13东二段稠油油藏开发效果及潜力分析

油田开发效果评价是油田开发调整、开发中后期综合治理过程中必须进行的一项研究工作,其主要目的是分析油田的开发历史和现状,总结开发成功的经验,明确油田开发过程存在的问题,为油田的综合治理和开发调整做好基础的准备工作。

第一节　营13东二段油藏开发效果评价

油藏注水开发效果评价始终贯穿于油田注水开发的全过程。注水开发效果的好坏不仅直接影响油田开发效果的好坏、水驱采收率的高低,而且还将直接影响原油产量的稳定与否,因此研究油田注水开发效果的评价具有重要意义。

一、注水油藏开发效果评价指标

进行注水开发效果评价旨在找出影响开发效果的因素,分析存在的问题,明确油田的潜力,研究挖潜技术,开展综合调整,改善开发效果。

1. 注水开发效果评价指标

在注水开发效果评价因素中,能科学、客观、综合地反映注水情况的指标及影响这些指标的因素就是评价指标。

1) 注水开发效果评价指标分类

注水油田开发效果评价指标分为三类:开发技术指标、生产管理指标和经济效益指标。

(1) 开发技术指标。

开发技术指标是描述油田开发过程中一些动态参数变化的变量,如压力指标(地层压力、井底压力、地面压力),产量指标(产液量、产油量、产水量),含水指标(含水率、含水上升率),采出状况指标(采出程度、可采储量采出程度),最终采收率及开发年限等。

开发技术指标的计算方法可分为解析法、数值模拟方法和经验法三大类。对于常规注水开发油田的开发技术指标,可根据渗流力学理论建立基本方程,采用解析方法进行计算;

对于复杂条件下的开发技术指标,则需采用数值模拟方法并借助电子计算机进行计算;此外,可用经验方法预测有关开发技术指标。

开发技术指标主要用于评价管理单元的开发动态状况,包括井网完善状况、注水状况、含水变化状况、产油量变化状况、产液量变化状况、储采状况和开采程度等 7 方面的指标。

① 注采井网完善状况评价指标。反映注采井网完善状况的指标包括水驱储量控制程度、水驱储量动用程度、注采对应率、注采井数比、井网密度、单井控制地质储量等。

② 注水状况评价指标。反映注水状况的指标包括三类:一是反映注水开发状况的指标,如年注采比、注水量等;二是反映注水利用状况的指标,如存水率、水驱指数、耗水比等;三是反映地层能量保持状况的指标,如地层压力、地层总压降、生产压差、地层压力保持水平等。

③ 含水变化状况评价指标。反映含水变化状况的指标包括含水率、含水上升率、含水上升速度以及含水-可采储量采出程度关系等。

④ 产油量变化状况评价指标。反映产油量变化状况的指标包括地质储量采油速度、无因次采油速度、自然递减率、综合递减率、总递减率以及采油指数等。

⑤ 产液量变化状况评价指标。反映产液量变化状况的指标包括采液速度、增液速度、采液指数等。

⑥ 储采状况评价指标。反映储采状况的指标包括储采平衡系数、储采比、剩余可采储量采油速度等。

⑦ 开采程度评价指标。反映开采程度的指标包括地质储量采出程度、可采储量采出程度、采收率等。

（2）生产管理指标。

生产管理指标主要用于评价措施的效果和工作量的完成情况、油水井及地面设备的使用状况和动态监测状况,包括工作量效果及油水井管理状况两方面的内容。

① 工作量效果评价指标。工作量包括新井及措施两个方面。其中,新井效果包括新井单井初产油、新井单井初含水、新井单井当年年产油、投资回收期内累积产油量、新井单井增加可采储量等;措施效果包括措施总井次、措施有效率、单井次措施增油量等。

② 油水井管理状况评价指标。管理状况评价指标包括油水井开井率、油水井生产时率、油水井综合生产时率、注水层段合格率等。

（3）经济效益指标。

经济效益指标主要用于评价管理单元的经济效益,包括操作成本、老井经济极限含水（老井经济极限产油量）、新井经济极限初产、低效产量比例等。

油田注水开发作为一个有机整体,上述三类指标之间有着密切的联系:

（1）在开发技术指标、生产管理指标和经济效益指标三类指标中,开发技术指标是油田开发实际状况的反映,因此它在三类指标中占主要地位;生产管理指标是实现开发技术指标的基础;经济效益指标是油田效益好坏的表现;开发技术指标和生产管理指标都为实现经济效益指标服务。因此,三类指标相互制约,相互依赖,每一项都不应该缺少。

（2）在开发技术指标的状态指标中,自然递减率、水驱储量控制程度、水驱状况较为重要,其他稍微次之;在生产趋势指标中,剩余可采储量采油速度、含水上升率相对重要一些,其他次之。

（3）在生产管理指标中,措施有效率和分层注水合格率相对重要一些,其他指标大致相同。措施效果与措施工作量完成情况相比,措施效果要重要一些。措施工作量评价以按产量完成措施最少为原则。

(4) 在经济效益指标中,吨油操作成本是各油田都看重的指标。

(5) 总体来说,当产量达到计划要求时,以增产措施越少,经济效益越好为佳;相反,若任务没有完成,而措施工作量干的又较少,则说明管理水平差。

基于以上对三类指标的分析,有必要对上述指标进行筛选,挑出具有代表性的、较为重要的指标来进行油田注水开发效果评价。

2) 注水开发效果评价指标筛选

评价指标是目标的具体化,应根据具体的目标设立相应的评价指标。指标的设立要与项目的目标、特点、类型和规模相结合,要先确定出目标,然后再进行指标的选择。

(1) 注水油藏开发效果评价指标筛选原则。

注水油藏评价指标的筛选应该遵循以下几点原则:

① 具有静态性和动态性,能够反映油藏的静态特征、开发状况及开发趋势,其中以动态分析为主。

② 具有独立性和可操作性,指标之间相对独立,同时方便统计分析。

③ 定性定量及宏观微观都兼顾,主要进行定量和宏观的分析。

④ 具有系统性和可对比性,指标要涉及各个方面,同时应便于对比不同开发单元的开发效果。

根据以上原则,先分析各指标,然后进行选择,不考虑不符合原则的指标。

(2) 注水油藏开发效果评价指标筛选方法。

注水油藏开发效果评价指标筛选方法主要包括逻辑分析法、矿场统计法、灰色关联法、专家评价法、文献调研总结法等(表 2-1-1)。

表 2-1-1　注水油藏开发效果评价指标筛选方法

方　法	方法原理
逻辑分析法	分析各指标,确定指标间及指标与开发效果间的逻辑关系,如因果、等价等
矿场统计法	根据现场资料,进行单因素分析,总结归纳合适的指标
灰色关联法	多因素分析,根据评价指标与结果指标的关联性进行选择
专家评价法	根据专家对油田实际的经验来确定指标
文献调研总结法	根据国内外文献及行业标准来确定指标

首先分析筛选出评价内容所需的单因素评价指标,然后对各单因素评价指标的数值计算方法或者数值确定方法进行研究和确定。对于直接可以根据某一数值确定的指标,尽量使用矿场的实际数据,反映油田的实际开发状况;对于不能直接判断而需要通过一定的计算才能得到的单因素评价指标,尽量采用最新的、使用范围较广的计算方法。

3) 注水开发效果评价指标及计算方法

影响注水开发效果的评价指标因素众多,主要分为地质因素和开发因素。地质因素是客观存在的,为客观性因素;开发因素更多的受人为因素影响,体现了人们对驱油过程的影响能力,为主观性因素。这里选择指标主要从影响水驱开发技术的因素出发。

（1）水驱储量控制程度。

水驱储量控制程度是指现有注采井网条件下的人工水驱控制地质储量与动用地质储量之比，用百分数表示。

$$M = \frac{\sum\limits_{i=1}^{n}(M_i N_i)}{\sum\limits_{i=1}^{n} N_i} \times 100\%$$ （2-1-1）

式中　M——开发单元水驱控制程度，%；

　　　M_i——油砂体 i 的水驱控制程度，%；

　　　N_i——油砂体 i 的地质储量，t。

水驱储量控制程度不仅受到油藏本身地层参数的影响，还受到布井方式、油水井工作制度等人为因素的影响。水驱储量控制程度的计算方法较多，这里介绍一种实用的分油砂体法。分油砂体法是一种经验统计方法，针对不同的井网密度来分析各油砂体的影响。其计算参数比较容易得到，结果相对准确，表达式如下：

$$M_i = 1 - 0.470\,698 D \frac{L_i^{0.5}}{A_i^{0.75}}$$ （2-1-2）

对于正方形井网有：

$$D = \sqrt{1/SPC}$$

对于三角形井网有：

$$D = 1.154\,7\sqrt{1/SPC}$$

式中　M_i——油砂体 i 的水驱控制程度；

　　　D——井距，km；

　　　L_i——油砂体 i 的周长，km；

　　　A_i——油砂体 i 的面积，km^2；

　　　SPC——井网密度，井/km^2。

水驱储量控制程度越高，则油藏的注水开发效果越好；反之，注水开发效果越差。

（2）水驱储量动用程度。

水驱储量动用程度是指采油井中产液厚度与注水井中吸水厚度之和占射开总厚度的比例，用百分数表示。

$$R_{OM} = \frac{\sum\limits_{i=1}^{n} h_{xi} + \sum\limits_{i=1}^{n} h_{ci}}{\sum\limits_{i=1}^{n} h_{wi} + \sum\limits_{i=1}^{n} h_{oi}} \times 100\%$$ （2-1-3）

式中　R_{OM}——水驱储量动用程度，%；

　　　h_{xi}——第 i 口水井吸水厚度，m；

　　　h_{ci}——第 i 口油井产液厚度，m；

　　　h_{wi}——第 i 口水井射开厚度，m；

　　　h_{oi}——第 i 口油井射开厚度，m。

水驱储量动用程度是按年度所有测试水井的吸水剖面和全部测试油井的产液剖面资料

计算的,只要注水层位吸水或生产层位产液,该层位储量就全部被动用,没有考虑开发层系内的非均质性及层间的相互影响,因而从实际水驱开发效果角度分析,认为水驱储量动用程度是水驱动用储量与地质储量的比值。

水驱储量动用程度一般随油田开发程度的加深而增大,即开发初期水驱储量动用程度小,增幅较大;开发后期储量动用程度增大,增幅减小。该指标的计算可采用丙型水驱特征曲线方法确定:

$$L_p/N_p = A^* + B^* L_p \tag{2-1-4}$$

其中:

$$B^* = \frac{1}{N_{OM}}, \quad N_{OM} = R_{OM} N R_{gm}$$

式中　L_p——累积产液量,10^4 t;

　　　N_p——累积产油量,10^4 t;

　　　A^*,B^*——相关系数;

　　　N_{OM}——水驱控制储量(可动用储量),10^4 t;

　　　N——地质储量,10^4 t;

　　　R_{gm}——由油藏地质特征参数评价出的油藏最终采出程度,%。

水驱储量动用程度直接反映注水开发油田的水驱开发效果,其值越大,则注水开发油田的水驱开发效果越好;反之,则开发效果越差。

(3)可采储量。

可采储量是指目前工艺和经济条件下能从储层中采出的油量。根据油气藏类型及勘探开发程度,可采用不同的方法确定可采储量。常用的方法有类比法、经验公式法、水驱曲线法、产量递减法。这里介绍甲型水驱特征曲线法和丙型水驱特征曲线法。

① 甲型水驱特征曲线法:

$$\lg W_p = B N_p + A \tag{2-1-5}$$

式中　W_p——累积产水量,10^4 t;

　　　A,B——相关系数。

根据油田动态生产资料,可获得甲型水驱曲线表达式中的截距 A 和斜率 B,进而可以预测不同含水率下的累积产油量:

$$N_p = \frac{1}{B}\left[\lg\frac{f_w}{2.303B(1-f_w)} - A\right] \tag{2-1-6}$$

式中　f_w——含水率。

当油田含水率达到经济极限含水率时,由上式即可获得油藏的可采储量。

② 丙型水驱特征曲线法:

$$L_p/N_p = A^* + B^* L_p \tag{2-1-7}$$

同样,根据油田动态生产资料,可以获得丙型水驱特征曲线表达式中的截距 A^* 和斜率 B^*,进而可以预测不同含水率下的累积产油量:

$$N_p = \frac{1 - \sqrt{A^*(1-f_w)}}{B^*} \tag{2-1-8}$$

当油田含水率达到经济极限含水率时,由上式可得到油藏的可采储量。

可采储量是反映注水开发油田水驱开发效果好坏的综合指标,受原始地质储量、地质条件等因素的限制,同时也是注入水体积波及系数和驱油效率综合作用的结果。

(4) 含水率。

含水率是油井日产水量和日产液量的比值,用百分数表示。

$$f_w = \frac{q_w}{q_1} \times 100\% \qquad (2-1-9)$$

式中　f_w——含水率,%;

　　　q_w——油井日产水量,m^3/d;

　　　q_1——油井日产液量,m^3/d。

油田计算含水率的方法很多,这里介绍采出程度与含水率关系曲线回归方法,计算式为:

$$\lg R = A + B\lg(1 - f_w) \qquad (2-1-10)$$
$$\lg R = A + Bf_w \qquad (2-1-11)$$
$$\lg R = A + B\lg f_w \qquad (2-1-12)$$
$$\lg(1 - R) = A + B\lg(1 - f_w) \qquad (2-1-13)$$
$$\lg(1 - R) = A + B\lg f_w \qquad (2-1-14)$$
$$R = A + B\lg(1 - f_w) \qquad (2-1-15)$$
$$R = A + B\lg \frac{f_w}{1 - f_w} \qquad (2-1-16)$$

式中　A,B——相关系数;

　　　R——采出程度,%。

根据油田生产数据,分别按上面 7 种关系进行线性回归,求出相关系数 A 和 B 的值,然后按相关系数最大确定具体油藏的采出程度。当含水率达到油藏的极限含水率时,便可得到具体油藏的最终采出程度。

实际应用中常用采出程度比 R_R,其定义为预测油藏的最终采收率 R_m 与由油藏地质特征参数评价出的最终采收率 R_{gm} 的比值,表达式为:

$$R_R = \frac{R_m}{R_{gm}} \qquad (2-1-17)$$

理论上讲,采出程度比一般是小于 1 的,但是由于多方面的误差也会出现大于 1 的情况。采出程度比反映了目前注水开发效果,R_R 值越高,开发效果越好;反之,开发效果越差。

(5) 含水上升率。

含水上升率定义为每采出 1% 的地质储量含水率的上升值。理论含水上升率定义为:

$$F_w = \frac{df_w}{dR} = \beta f_w(1 - f_w) \qquad (2-1-18)$$

在实际油藏中,用阶段末、初的含水率之差比上阶段末、初的采出程度之差来计算:

$$F_w = \frac{\Delta f_w}{\Delta R} \times 100\% \qquad (2-1-19)$$

式中　F_w——含水上升率,%;

　　　β——乙型水驱特征曲线($\lg WOR = \alpha + \beta R$)中的系数;

WOR——水油比；

α——相关系数；

Δf_w——阶段末、初含水率之差，%；

ΔR——上阶段末、初采出程度之差，%。

含水上升率是评价注水油田开发效果的重要指标，含水上升率越小，油田开发效果越好；反之，则越差。

（6）存水率。

存水率为注水开发油田的注入水量与采出水量之差占注入水量的比例，用百分数表示。

$$W_f = \frac{W_i - W_p}{W_i} \times 100\% \qquad (2-1-20)$$

式中　W_f——累积存水率，即存水率，%；

W_i——累积注入水量，m^3；

W_p——累积采出水量，m^3。

油田可通过不同类型的对比曲线来评价目前的开采状况。以下是确定存水率的经验公式法：

$$W_f = 1 - e^{A_s + D_s \frac{R}{R_m}} \qquad (2-1-21)$$

$$A_s = \frac{5.854}{0.047\ 6 - \ln \mu_r} \qquad (2-1-22a)$$

$$D_s = \frac{6.689}{\ln \mu_r + 0.168} \qquad (2-1-22b)$$

式中　R——采出程度，%；

R_m——采收率，%；

A_s, D_s——与油水黏度有关的经验常数；

μ_r——油水黏度比。

存水率是衡量注入水利用率的指标，也是衡量注水开发油田水驱开发效果的指标。存水率越高，注入水的利用率越大，水驱开发效果越明显。

（7）累积注水量。

累积注水量是指从开始注水到目前为止注入油层的总水量，也可以表示某一阶段注入油层的总水量。

油田进入中高含水期以后，随着注入水的不断增加，注水采油成本也在不断提高，注水量指标作为衡量注水开发效果的一个方面可反映注水开发的效果。在油田中高含水时期，为了保持原油产量，注水量将成倍增加，导致采油成本提高，开发效果降低。

当注水开发油田进入高含水期时，采出程度与累积注水量具有如下统计关系：

$$R = a \lg Q_i + b \qquad (2-1-23)$$

式中　R——采出程度，%；

a, b——相关系数；

Q_i——累积注水量，$10^4\ m^3$。

上式表明，在油田注水开发过程中，累积注水量与采出程度在半对数坐标上呈直线关系。根据该曲线特征，将目前的采出程度与累积注水量曲线外推至地质评价出的油藏最终采出程度对应的累积注水量时,此累积注水量的高低可作为评价注水效果好坏的指标。

对于注水量的评价,根据油田目前的采出程度与注水量的关系,采用外推至最终采出程度下得到的最终注水量来评价。如果达到相同最终采出程度下的最终注水量高,则说明采油成本高,注入水的利用率低,水驱开发效果差;相反,如果最终注水量较低,则说明注入水的驱油效率高,水驱开发效果好。

（8）剩余可采储量采油速度。

剩余可采储量采油速度定义为剩余油年采油量与剩余可采储量之比,用百分数表示。

$$v_{oh} = \frac{N_y}{N} \times 100\% \tag{2-1-24}$$

式中　v_{oh}——剩余可采储量采油速度,%;

　　　N_y——剩余油年采油量,10^4 t;

　　　N——剩余可采储量,10^4 t。

油田剩余可采储量采油速度是反映油田强度、储采比变化趋势的综合开发指标。特别是油田进入递减阶段开采后,它的变化不仅反映油田的递减规律,而且反映可采储量变化以及调整措施对油田递减的影响。

剩余油可采储量采油速度反映了目前井网部署及油水井工作制度等条件下的开发效果情况,其值越高,则生产能力越高。

（9）年产油量综合递减率。

年产油量综合递减率是指没有新井投产情况下的年产油量递减率,即扣除新井产量后的年产油量与上年产油量之差再与上年产油量之比。

$$a = -\frac{q_{01} - (q_{02} - q_{03})}{q_{01}} \times 100\% \tag{2-1-25}$$

式中　a——年产油量综合递减率;

　　　q_{01}——上年产油量;

　　　q_{02}——今年产油量;

　　　q_{03}——今年新井产油量。

年产油量综合递减率受到多方面的影响,包括人为因素、开发阶段限制等,能够反映油田某阶段地层流体的分布以及动态变化情况。

在油田开发的高含水期,剩余油分布零散,产油量进入了一个快速递减的阶段,若不采取调整措施,将会导致原油产量快速下降,年产油量综合递减率比较大。

2.注水开发效果评价指标标准

注水开发效果评价指标的评价不能依靠主观直觉,必须要有共同的评价尺度,根据实践经验和科学依据,制定出可行的标准。

1）注水开发效果评价指标标准确定原则

确定注水开发效果评价过程中的单因素指标的评价标准应该遵循以下原则:

（1）收集石油领域相关的行业、企业标准或评比规定作为依据,结合油田的具体情况,对给出的行业标准的适应性进行分析,对于适用油田状况的指标标准可以继续沿用,不适用的指标标准应利用矿场统计、理论和数值模拟等方法对其进行修正。

（2）调研国内外相关研究成果，对部分文献提出的但国内行业标准中缺少的单因素评价指标标准的适应性进行深入的研究和分析，选择适用的指标标准。

（3）通过现场资料的统计并根据专家的讨论，对一些重要的但国内外行业和文献中都没有提到过的指标进行分析，结合矿场资料得出评价标准，由专家研究确定所需的单因素评价指标的评价标准。

2）注水开发效果评价指标标准确定

以中石化、中石油以及各油田单位的相关行业、企业标准或评比规定等作为借鉴，结合油田的实际情况，对原有的行业标准进行适应性分析，对于适应目前状况的指标标准继续沿用原标准，对于不适应的则利用矿场统计、理论计算、数值模拟等方法对其进行合理修正；将经过修正的参考标准作为本次研究的初步评价标准，待评价体系研究确定后，选择部分单元进行试算，验证其合理性，根据试算结果对初步评价标准进行合理修正，经过反复验证确认其符合绝大多数单元的实际情况后，将其作为最终的评价标准。参考行业标准、相关文献可将评价标准按照五级分类：好、较好、中等、较差、差。

（1）《油田开发水平分级》行业标准。

中国石油天然气总公司 1996 年 12 月发布的《油田开发水平分级》行业标准（SY/T 6219—1996）对注水开发油藏制定了分级指标标准，见表 2-1-2。

表 2-1-2　砂岩油藏注水开发水平分类指标标准

序号	项目		类别		
			一	二	三
1	水驱储量控制程度/%		≥70	60～70	<60
2	水驱储量动用程度/%		≥70	50～70	<50
3	剩余可采储量采油速度/%	采出程度小于50%前	≥5	4～5	<4
		采出程度大于或等于50%后	≥6	5～6	<5
4	年产油量综合递减率/%	采出程度小于50%前	≤6	6～10	>10
		采出程度大于或等于50%后	≤8	8～12	>12
5	老井措施有效率/%		≥70	60～70	<60
6	注水井分注率/%		≥80	70～80	<70
7	配注合格率/%		≥65	55～65	<55
8	油水井综合生产时率/%		≥70	60～70	<60
9	注入水质达标状况/项		≥9	6～9	<6
10	油水井免修期/d		≥300	200～300	<200
11	动态监测计划完成率/%		≥95	90～95	<90
12	操作费控制状况		比上一年有所下降	增加值小于上一年的5%	增加值大于上一年的5%

（2）《油田开发管理纲要》标准。

根据中国石油天然气股份有限公司 2004 年 8 月 27 日修订的《油田开发管理纲要》，研究不同类型油藏在不同开发阶段的开发特点，确定油田开发技术调控指标。水驱油田开发的阶段调控指标(表2-1-3)主要包括水驱储量控制程度、水驱储量动用程度、可采储量采出程度和采收率。

表 2-1-3 注水开发油藏调控指标类别

指　　标		标　　准
水驱储量控制程度/%		＞70
水驱储量动用程度/%		＞60
可采储量采出程度/%	低含水期末	20~30
	中含水期末	50~60
	高含水期末	＞80
采收率/%	低渗透油藏	不低于25
	特低渗油藏	不低于20

（3）修正后评价标准。

参照《油田开发水平分级》行业标准和《油田开发管理纲要》标准,结合油田实际情况对原有的行业标准进行适应性分析,适应油田开发状况的继续沿用原标准,不适应油田开发状况的通过矿场统计、理论计算和数值模拟等方法对其进行修正,并结合具体开发效果评价指标进行试算,验证其合理性。根据验证结果对初步评价标准进行合理修正,反复验证符合油田开发实际后,形成适合油田评价的指标标准(表2-1-4)。

表 2-1-4 注水开发油藏水驱开发效果指标评价标准

		好	较　好	中　等	较　差	差
水驱储量控制程度/%		＞80	80~75	75~70	70~65	＜65
水驱储量动用程度 R_{OM}/%		＞75	75~70	70~65	65~55	＜55
含水率	R_R/%	＞95	95~90	90~85	85~80	＜80
可采储量						
存水率						
累积注水量/PV		＜1.5	1.5~2	2~2.5	2.5~3	＞3
剩余可采储量采油速度/%	R_R＜50%	＞5	4.5~5	4~4.5	3.5~4	＜3.5
	R_R=50%~80%	＞7	6~7	5~6	4~5	＜4
	R_R＞80%	＞9	9~7.5	7.5~6	6~4.5	＜4.5
年产油量综合递减率/%	R_R＜50%	≤5	5~5.5	5.5~6.5	6.5~7	＞7
	R_R=50%~80%	≤6	6~6.5	6.5~7.5	7.5~8	＞8
	R_R＞80%	≤7	7~7.5	7.5~8.5	8.5~9	＞9
含水上升率评价系数		＜-0.25	-0.25~0.25	0.25~1.00	1.00~2.25	＞2.25

注:R_R 为采出程度比;PV 为注入孔隙体积倍数。

二、营13东二段油藏开发效果评价

结合注水油藏开发效果评价指标筛选原则及指标标准,拟从营13东二段油藏注水开发效果评价、储量动用状况、能量状况及采收率方面进行开发效果评价。

1. 营 13 东二段注水开发效果评价

注水开发效果评价指标众多,结合营 13 东二段水驱开发实际,拟从含水率、含水上升率、水驱指数和存水率几个指标进行注水开发效果评价。

1) 含水率

对一个开发层系或油藏进行评价分析时,所用的含水率是指油藏的综合含水率,即评价油田区块中各油井年产水量之和与年产液量之和的比值。它是反映注水开发油田开发效果的一个重要指标。

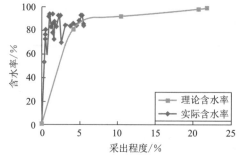

图 2-1-1　营 13 东二段含水率与采出程度关系曲线

由营 13 东二段含水率与采出程度关系曲线(图 2-1-1)可以看出,该油藏在开采过程中,当处于中低含水阶段时,相同采出程度对应的实际含水率要明显高于理论值,表明该油藏注水开发效果较差;当进入高含水期后,关停大部分高含水井,实际含水率与理论含水率逐渐接近。

2) 含水上升率

从营 13 东二段含水率与含水上升率关系曲线(图 2-1-2)可以看出,该油藏含水上升较快,特别是中低含水期,含水上升率最大能达到 6.5,进入高含水期以后,含水上升速度有所减缓。

3) 水驱指数

水驱指数定义为每采出 1 t 原油在地下的存水量。阶段水驱指数定义为阶段存入地下水量与阶段采出地下原油体积之比,即

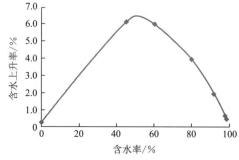

图 2-1-2　营 13 东二段含水上升率与含水率关系曲线

$$\text{阶段水驱指数} = \frac{\text{阶段累积注水量} + \text{阶段累积水侵量} - \text{阶段累积产水量}}{\text{阶段累积采出地下原油体积}}$$

阶段水侵指数 S_p 的理论计算公式为:

$$S_p = \frac{\Delta Q_i - \Delta Q_w}{B_o \Delta Q_o / \rho_o} = \frac{Z(\Delta Q_w + B_o \Delta Q_o / \rho_o) - \Delta Q_w}{B_o \Delta Q_o / \rho_o} = (Z-1)\frac{\rho_o}{B_o}\frac{f_w}{1-f_w} + Z$$

$$(2-1-26)$$

式中　Z——注采比,小数;

　　ΔQ_i——阶段累积"注水量",包括人工注水量和水侵量,m^3;

　　ΔQ_w——阶段累积产水量,m^3;

　　ΔQ_o——阶段累积产油量,t;

　　ρ_o——地面原油密度,t/m^3;

　　B_o——原油体积系数,m^3/m^3。

水驱指数越大,采出相同量的油需要的注水量越大。从营 13 断块理论水驱指数和实际

水驱指数对比关系曲线(图2-1-3)可以看出,初期水驱指数与理论曲线偏差较大。这是因为在初期投产时,投产井有60%的井大段射开,油水同层或水层同时射开;其次生产井大段合采,层间矛盾突出,断块又小,边底水很快沿着高渗层突进,油井产水量大,注水开发效果差。在断块开发中后期,因大段合采井减少,层间矛盾削弱,卡、堵水措施见效,物性相对差的储层动用程度得到改善,注水利用率有所提高,但与理论曲线仍然有差距,说明断块在现井网下注水利用率较低。

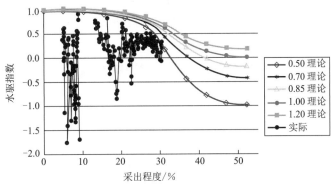

图2-1-3 营13断块理论水驱指数与实际水驱指数对比曲线

4)存水率

阶段存水率定义为阶段内"注入"水存留在地层中的比率,即

$$阶段存水率 = \frac{阶段累积注水量 + 阶段累积水侵量 - 阶段累积产水量}{阶段累积注水量 + 阶段累积水侵量}$$

阶段存水率C_p的理论计算公式为:

$$C_p = \frac{\Delta Q_i - \Delta Q_w}{\Delta Q_i} = \frac{Z(\Delta Q_w + B_o \Delta Q_o / \rho_o) - \Delta Q_w}{\Delta Q_i} = 1 - \frac{1}{Z\left(1 + \dfrac{B_o}{\rho_o} \dfrac{f_w}{1 - f_w}\right)}$$

$$(2-1-27)$$

在油田注水开发过程中,随着原油采出综合含水率的上升,注入水不断排出,含水率越高,排水量越大,地下存水率越小,水驱开发效果越差。从营13断块理论存水率与实际存水率对比曲线(图2-1-4)可以看出,初期存水率与理论曲线相差很大,后期存水率有所提高,但总体效果不太理想。

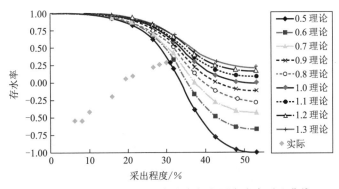

图2-1-4 营13断块理论存水率与实际存水率对比曲线

2. 营 13 东二段油藏储量动用状况

1）营 13 东二段地质储量

营 13 断块东二段由 4 个断块组成，探明含油面积 3.8 km²，碾平有效厚度 8.32 m，石油地质储量 439×10⁴ t。该区块包含 4 个砂层组，细分小层数 25 个（表 2-1-5），其中东二 1 砂组分为 5 个小层，东二 2 砂组分为 7 个小层，东二 3 砂组分为 6 个小层，东二 4 砂组分为 7 个小层。东二段的 25 个小层、细分层全部含油，其中东二 $2^{2\text{-}1}$、东二 $2^{2\text{-}2}$、东二 $2^{3\text{-}1}$、东二 $3^{1\text{-}2}$、东二 4^4 小层、细分层储量均大于 25×10⁴ t，形成一定的油水体系；在 4 个分断块各自有统一的油水界面。

表 2-1-5　营 13 断块东二段 25 个小层储量计算结果表

序　号	层位名称	面积/km²	平均厚度/m	单储系数	地质储量/(10⁴ t)
1	东二 1^1	0.02	1.38	13.9	0.4
2	东二 1^2	1.16	1.47	13.9	23.8
3	东二 1^3	0.80	1.58	13.9	17.5
4	东二 1^4	0.81	1.43	13.9	16.2
5	东二 1^5	0.48	0.70	13.9	4.6
6	东二 2^1	0.31	1.08	13.9	4.6
7	东二 $2^{2\text{-}1}$	2.03	2.45	13.9	69.1
8	东二 $2^{2\text{-}2}$	1.67	2.57	13.9	59.4
9	东二 $2^{3\text{-}1}$	1.29	1.61	13.9	28.9
10	东二 $2^{3\text{-}2}$	0.39	0.84	13.9	4.6
11	东二 2^4	0.36	1.60	13.9	8.1
12	东二 2^5	0.26	1.38	13.9	5.1
13	东二 $3^{1\text{-}1}$	0.02	2.34	13.9	0.7
14	东二 $3^{1\text{-}2}$	1.49	2.33	13.9	48.2
15	东二 $3^{1\text{-}3}$	0.59	2.47	13.9	20.3
16	东二 3^2	0.55	2.07	13.9	15.9
17	东二 3^3	0.32	0.99	13.9	4.4
18	东二 3^4	0.13	2.06	13.9	3.7
19	东二 4^1	0.55	1.42	13.9	10.8
20	东二 4^2	0.92	1.70	13.9	21.7
21	东二 4^3	0.27	1.65	13.9	6.3
22	东二 4^4	1.11	2.11	13.9	32.5
23	东二 4^5	0.32	1.35	13.9	5.9
24	东二 4^6	0.71	2.10	13.9	20.7

序　号	层位名称	面积/km²	平均厚度/m	单储系数	地质储量/(10⁴ t)
25	东二 4^7	0.37	1.17	13.9	6.0
合　计					439.4

采用油藏工程分析方法,营 13 东二段按砂层组、细分层计算,截止到 2011 年 8 月动用地质储量 279.3×10^4 t,动用率 63.6%;未动用地质储量 160.1×10^4 t,占总地质储量的 36.4%(图 2-1-5)。

营 13 东二段构造较复杂、断层多,四级以上的断层共有 12 条,断块内被分成多个小断块。根据储层特征对储量进行了分类(图 2-1-6),分为油干间互区、油水系统纯油区、油水系统过渡区 3 个主要类型。其中,油干间互区分布范围仅

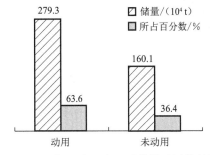

图 2-1-5　营 13 东二段地质储量动用状况图

限于东二 1 的几个小层少量出现,东二段的 5 个主力小层东二 2^{2-1}、东二 2^{2-2}、东二 2^{3-1}、东二 3^{1-2}、东二 4^4 存在较为显著的油水系统纯油区、油水系统过渡区的合理分布,而其余的小层则多为厚层底水的砂体顶部含油(如东二 4^3 小层),大部分小层的过渡区占的比重较大。

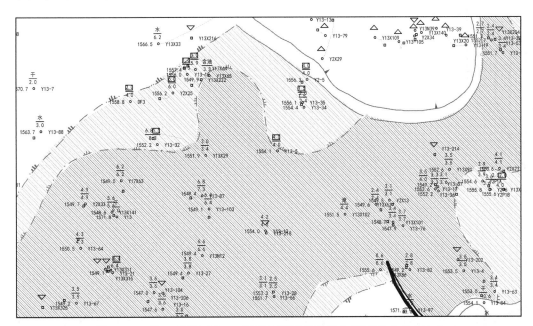

图 2-1-6　营 13 断块区东二 3^{1-2} 平面储量分布特点(储量单位为 10^4 t)

平面上将每个小断块划分成纯油区和油水过渡区两种油砂体,并把它们作为储量计算单元。人为规定以 1 开头的是纯油区的储量计算单元,以 2 开头的是油水过渡区的储量计算单元。按此原则划分,营 13 东二段共有 25 个含油小层,203 个油砂体。图 2-1-7 为主力层营 13 东二段东二 2^{2-1} 小层油砂体平面分布图,图 2-1-8 为非主力层营 13 东二段东二 4^5 小层油砂体平面分布图。

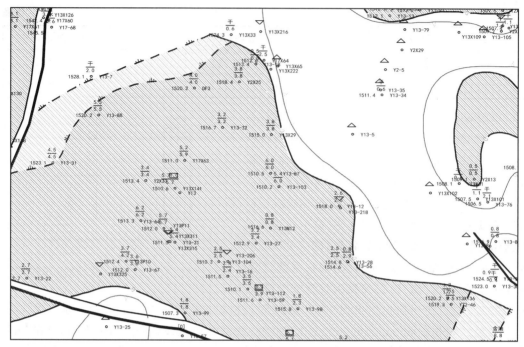

图 2-1-7　东二 2^{2-1} 小层油砂体平面分布图

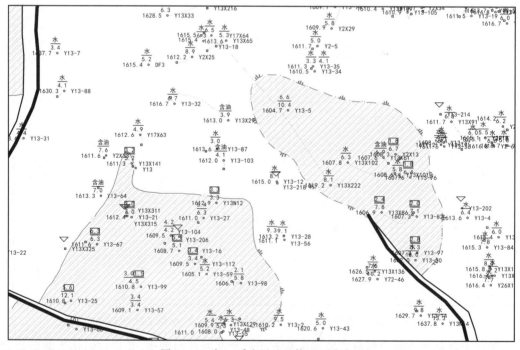

图 2-1-8　东二 4^5 小层油砂体平面分布图

2) 储量动用状况

营 13 东二段纵向上各个小层的地质储量动用状况不尽相同(表 2-1-6)。储量完全未动用的小层有 7 个,占总小层数的 28%,分别是东二 1^1、东二 2^{3-2}、东二 2^5、东二 3^{1-1}、东二 3^4、东二 4^5 和东二 4^7;储量动用率在 0~20% 之间的小层有 2 个,分别是东二 3^{1-3} 和东二 3^3,其

中东二 3^{1-3} 小层储量动用率为 0.3％,几乎未动用;储量动用率大于 60％的小层有 10 个,占总小层数的 40％,分别是东二 1^2、东二 1^5、东二 2^{2-1}、东二 2^{2-2}、东二 2^{3-1}、东二 3^{1-2}、东二 4^2、东二 4^3、东二 4^4 和东二 4^6;其余 6 个小层的储量动用率在 30％～60％之间。

表 2-1-6　营 13 东二段地质储量动用状况统计表(25 个小层)

砂层组	小层号	地质储量 /(10^4 t)	小层地质储量占砂层组比例/％	动用地质储量 /(10^4 t)	动用地质储量占小层地质储量比例/％	未动用地质储量 /(10^4 t)	未动用地质储量占小层地质储量比例/％
东二 1	1	0.4	0.6	—	—	0.4	100.0
	2	23.8	38.1	19.6	82.5	4.2	17.5
	3	17.5	27.9	5.8	33.1	11.7	66.9
	4	16.2	26.0	9.0	55.6	7.2	44.4
	5	4.6	7.4	3.5	74.9	1.2	25.1
东二 2	1	4.6	2.6	2.2	48.2	2.4	51.8
	2-1	69.1	38.4	58.5	84.6	10.6	15.4
	2-2	59.4	33.1	45.1	75.8	14.4	24.2
	3-1	28.9	16.1	26.4	91.5	2.5	8.5
	3-2	4.6	2.5	—	—	4.6	100.0
	4	8.1	4.5	3.7	46.0	4.3	54.0
	5	5.1	2.8	—	—	5.1	100.0
东二 3	1-1	0.7	0.7	—	—	0.7	100.0
	1-2	48.2	51.7	33.9	70.3	14.3	29.7
	1-3	20.3	21.8	0.1	0.3	20.3	99.7
	2	15.9	17.1	5.9	37.3	10.0	62.7
	3	4.4	4.7	0.6	12.8	3.8	87.2
	4	3.7	4.0	—	—	3.7	100.0
东二 4	1	10.8	10.4	5.2	48.4	5.6	51.6
	2	21.7	20.9	14.5	66.8	7.2	33.2
	3	6.3	6.1	4.8	75.9	1.5	24.1
	4	32.5	31.3	24.1	74.2	8.4	25.8
	5	5.9	5.7	—	—	5.9	100.0
	6	20.7	20.0	16.4	79.2	4.3	20.8
	7	6.0	5.8	—	—	6.0	100.0
合　计	25	439.4		279.3	63.6	160.1	36.4

营 13 东二段纵向上各个小层地质储量动用程度存在差异,其中主力小层东二 2^{2-1}、东二 2^{2-2}、东二 2^{3-1}、东二 3^{1-2} 和东二 4^4 的储量动用率都较高,在 70％以上,非主力小层的储量动用率差异较大。按砂层组统计的话,东二 1～东二 4 的储量动用率分别为 60.7％,

75.6%,43.4%和62.6%,砂层组东二 3 的储量动用程度相对较差,其余三个砂层组的储量动用程度都较高。

平面上各个砂体的储量动用状况也不均衡,差异较大。按采出程度范围分级,未动用的砂体有 156 个,覆盖地质储量 160.6×10⁴ t;采出程度在 0～10%之间的砂体有 33 个,覆盖地质储量 186.7×10⁴ t;采出程度在 10%～20%之间的砂体有 6 个,覆盖地质储量 42.5×10⁴ t;采出程度大于 20%的砂体有 8 个,覆盖地质储量 49.6×10⁴ t(图 2-1-9)。平面上绝大部分砂体的储量动用率都非常低。

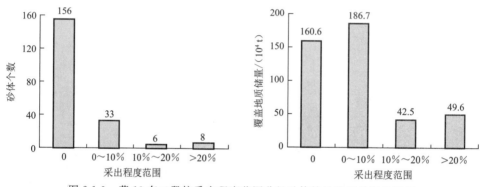

图 2-1-9　营 13 东二段按采出程度范围分级砂体储量动用状况分析图

3. 营 13 东二段油藏能量状况

1) 天然能量

根据地质综合研究,营 13 东二段为一半封闭的断块,各小层都有一定的水体,水体范围大,边底水天然能量充足。

2) 地层压力

2010 年营 13 东二段平均地层压力 14.59 MPa,原始地层压力 15.4 MPa,地层总压降 0.81 MPa(图 2-1-10),压力水平较高。

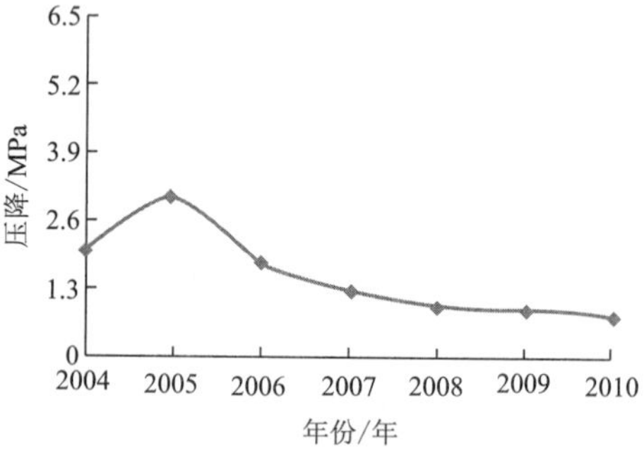

3) 动液面

对营 13 东二段目前仍处于开采状态的 12 口油井的动液面进行分级统计(表 2-1-7),动液面在 0～400 m 范围内的油井有 6 口,占总井数的 50.0%,平均动液面 134.5 m;动液面在 400～600 m 范围内的油井有 2 口,占总井数的 16.7%,平均动液面 490.5 m;受出砂影响而使动液面大于 600 m 的油井有 4 口,占总井数的 33.3%,平均动液面 1 325.8 m。

图 2-1-10　营 13 东二段近几年压降变化曲线

表 2-1-7　营 13 东二段动液面分级统计表(2011.02)

统计井数/口	0～400 m			400～600 m			> 600 m		
	井数/口	动液面/m	占总井数比例/%	井数/口	动液面/m	占总井数比例/%	井数/口	动液面/m	占总井数比例/%
12	6	134.5	50.0	2	490.5	16.7	4	1 325.8	33.3

4. 营 13 东二段油藏采收率标定

1）采收率标定方法

采收率的标定方法主要有经验公式法、室内水驱油实验法、岩心分析法、地球物理测井法、分流量曲线法、油田动态资料分析法等。这里主要介绍采收率的动态标定方法。

（1）水驱特征曲线法。

根据石油天然气行业标准《石油可采储量计算方法》，具有较好实用价值的几种水驱曲线法见表 2-1-8。

表 2-1-8 《石油可采储量计算方法》推荐的几种水驱曲线法

曲线类型	基本关系式	累积产油量与含水率关系式
马克西莫夫-童宪章	$\lg W_p = a + bN_p$	$N_p = \dfrac{1}{b}\left[\lg\left(\dfrac{0.434\,3}{b}\dfrac{f_w}{1-f_w}\right) - a\right]$
沙卓诺夫	$\lg L_p = a + bN_p$	$N_p = \dfrac{1}{b}\left[\lg\left(\dfrac{0.434\,3}{b}\dfrac{1}{1-f_w}\right) - a\right]$
西帕切夫	$L_p/N_p = a + bL_p$	$N_p = \dfrac{1}{b}\left[1 - \sqrt{a(1-f_w)}\right]$
丁 型	$L_p/N_p = a + bW_p$	$N_p = \dfrac{1}{b}\left[1 - \sqrt{(a-1)\dfrac{1-f_w}{f_w}}\right]$
俞启泰	$\lg N_p = a - b\lg(L_p/W_p)$	$N_p = 10^a\left\{\dfrac{2bf_w}{1 - f_w + b(1+f_w) + \sqrt{[1 - f_w + b(1+f_w)]^2 - 4b^2 f_w}}\right\}$

在上述各式中，当含水率 $f_w = 98\%$ 时，各式对应的 N_p 即为可采储量 $N_{p\,max}$，故对应的采收率 R_{max} 为：

$$R_{max} = \frac{N_{p\,max}}{N} \tag{2-1-28}$$

（2）产量递减曲线法。

以 Arps 递减类型中的双曲递减为例进行讨论。递减期内，双曲递减的累积产油量可表示为：

$$N_{pD} = \frac{Q_0}{(1-n)D_0}\left[1 - (1 + nD_0 t)^{\frac{n-1}{n}}\right] \tag{2-1-29}$$

式中 D_0——初始递减率，a^{-1}；

       Q_0——初始产量，10^4 t/a；

       n——递减指数。

当 $t \to \infty$ 时，可求得递减期内的最大累积产油量为：

$$N_{pD\,max} = \frac{Q_0}{(1-n)D_0} \tag{2-1-30}$$

设递减前的累积产油量为 N_{p1}，则整个开发期内的最大累积产油量（可采储量）$N_{p\,max}$ 为：

$$N_{p\,max} = N_{pD\,max} + N_{p1} \tag{2-1-31}$$

故按照目前的水驱开发规律,研究区的采收率为:

$$R_{max} = \frac{N_{p\,max}}{N} \tag{2-1-32}$$

(3)童氏标准曲线法。

童氏标准公式为:

$$\lg \frac{f_w}{1 - f_w} = 7.5(R - E_R) + 1.69 \tag{2-1-33}$$

式中 R——采出程度;

E_R——最终采收率。

童氏标准曲线在采收率低、采出程度为零时,含水率较高,含水率预测与实际不符。

在上式中加入两个校正系数 a 和 c,将童氏标准公式修正为:

$$\lg\left(\frac{f_w}{1 - f_w} + c\right) = 7.5(R - E_R) + 1.69 + a \tag{2-1-34}$$

引入初始条件 $f_w = 0, R = 0$,则有:

$$\lg c = -7.5E_R + 1.69 + a \tag{2-1-35}$$

引入边界条件 $f_w = 98\%, R = E_R$,则有:

$$\lg(49 + c) = 1.69 + a \tag{2-1-36}$$

联立以上两式解得:

$$c = \frac{49}{10^{7.5E_R} - 1}$$

$$a = \lg c + 7.5E_R - 1.69 \tag{2-1-37}$$

给定不同的 E_R 值可求出 a 和 c 值,而且采收率越大,校正系数越小,这说明对采收率大的水驱油田,童氏校正曲线和童氏标准曲线趋于一致。

因此,给定一组 E_R 值,就可求得一组童氏标准曲线,然后将区块实际的采出程度与含水率数据标在上面,看与哪条标准曲线接近,则该区块的采收率就是这条标准曲线对应的采收率,如图 2-1-11 所示。

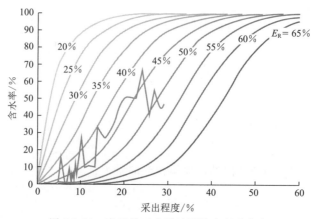

图 2-1-11   童氏校正曲线法评价水驱采收率

2）采收率标定

根据营 13 东二段的开发实际，采用水驱曲线法绘制乙型水驱特征曲线，对现有井网条件下该块的采收率进行预测。通过预测可知，在现有井网条件下，采用注水开发，该块的最终采收率仅为 10.7%（图 2-1-12）。

与同类油田采用水驱曲线法预测的结果相比，营 13 东二段预测的采收率偏低（表 2-1-9）。营 13 东二段地质储量 439.4×10^4 t，目前累计产油 24.4×10^4 t，按照水驱曲线法预测的采收率值，该块可采储量 47.0×10^4 t，剩余可采储量 22.6×10^4 t。

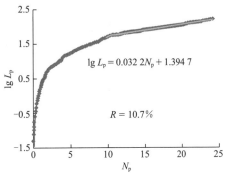

$\lg L_p = 0.032\ 2N_p + 1.394\ 7$

$R = 10.7\%$

图 2-1-12 营 13 东二段乙型水驱特征曲线

表 2-1-9 营 13 东二段同类油田水驱曲线法预测采收率表

单 元	油藏埋深/m	地质储量/(10^4 t)	孔隙度/%	空气渗透率/($10^{-3}\ \mu m^2$)	地面原油黏度/(mPa·s)	水驱曲线法预测采收率/%
坨七东二	1 400～1 460	214.0	31	1 600	1 187～3 115	16.4
坨 28 东二	1 400～1 560	475.7	32	1 400	2 019～4 121	17.4
坨 11 北东二	1 400～1 445	169.2	30	2 860	234～3 856	21.3
营 13 东二	1 470～1 580	439.4	32	2 877	557～2 940	10.7

对营 13 东二段采用蒸汽吞吐开发进行数值模拟研究。完善井网后，数值模拟预测营 13 东二段最终采收率为 17.9%，可采储量 78.7×10^4 t，剩余可采储量 54.3×10^4 t。井网水驱最终采收率与之相差 7.2%，因此营 13 东二段在完善井网并转换开发方式后具有较大的提高采收率潜力。

第二节 营 13 东二段稠油油藏开发存在问题及潜力分析

针对营 13 东二段油藏的单因素注水开发效果评价结果，开展油藏发中存在主要问题、剩余油分布研究，为油藏的潜力分析做准备。

一、营 13 东二段油藏开发存在的主要问题

根据对营 13 东二段油藏注水开发效果评价分析，营 13 东二段开发中存在的主要问题为：

（1）储量纵向平面上动用程度差异大，主力层好于非主力层。

营 13 东二段各砂层组的物性和流体性质差异很大，储层非均质性强，渗透率级差为 1.6，变异系数为 0.9，突进系数达到 4.1，而该块大部分的油水井在实际生产和注水过程中采用的都是大段的合采、合注，受其影响层间层内动用不均衡，开发矛盾突出（图 2-2-1）。开发层系适应性较差，层间矛盾突出，主力层的注水状况和开发效果普遍好于非主力层。

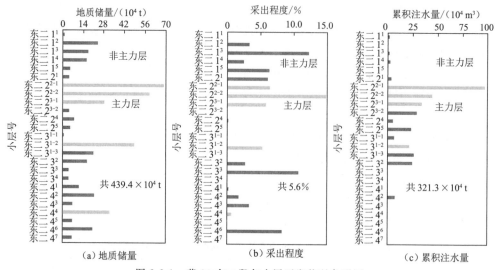

图 2-2-1　营 13 东二段各小层开发状况条形图

（2）油藏具有强边底水，直井含水上升快，产量递减快。

因营 13 东二段各小层都有一定的水体，边底水范围大，天然能量充足，导致该块油井投产后就含水，油田无无水采油期，而且油井含水上升快（图 2-2-2）。

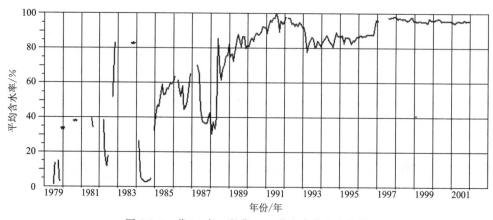

图 2-2-2　营 13 东二段营 13-6 井含水率变化曲线

截止到 2011 年 8 月，营 13 东二段共开油井 12 口，综合含水 83.9%，平均单井日油能力 2.5 t/d。对油井产量进行分级统计（表 2-2-1），只有 1 口油井的产量大于 5 t/d，为 7.05 t/d，75% 的油井的产量都在 3 t/d 以下。虽然该区块油井的初期产能还相对较高，可达到 9 t/d，但受油层出砂、强边底水和油井井况等多种因素的影响，油井的产量递减较快，后期油井产能低。

表 2-2-1　营 13 东二段油井产量分级统计表

统计井数 /口	>5 t/d			3~5 t/d			1~3 t/d			<1 t/d		
	井数 /口	平均产量 /(t·d⁻¹)	占比例 /%	井数 /口	平均产量 /(t·d⁻¹)	占比例 /%	井数 /口	平均产量 /(t·d⁻¹)	占比例 /%	井数 /口	平均产量 /(t·d⁻¹)	占比例 /%
12	1	7.05	8.3	2	4.32	16.7	6	2.01	50.0	3	0.71	25.0

（3）原油黏度高，油水井注采对应率低，注水效果不明显。

营 13 东二段地层原油黏度 70 ℃时为 105 mPa·s，并且随温度的升高，黏度下降较为明显。截至 2011 年 8 月，该区块共有各类井 51 口，其中油井 42 口，注水井 9 口。大部分油井都集中在营 13 断块中部主体区域的高平台区，主要为营 13 断块沙一、沙二段的上返井，7 口水井在边部采用边外注水，2 口水井（营 13-31、营 13-32）位于纯油区，注采井数比低，为 1∶5.4，且未形成规则注采井网，注采对应性差，油井见效不明显。该块水井累积注水量 321.3×10⁴ m³，开井 1 口（营 13-32 井），日注能力 59.4 m³/d，年注水量 3.5×10⁴ m³。

（4）受油层出砂、高含水的影响，油水井开井率低。

受油层出砂及强边底水的影响，营 13 东二段油水井的井况较差（图 2-2-3），套管出现问题的油井为 19 口，占到总井数的 47.5%。

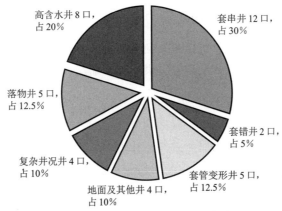

图 2-2-3　营 13 断块东二段井况统计图

油水井因套管损坏、出砂、供液不足或高含水等原因而频繁关井或报废（表 2-2-2），开井率不超过 23.5%，严重影响了该块的开发效果。

表 2-2-2　营 13 东二段部分停产井原因分析表

井　号	投产时间	目前井别	目前状况	是否已报废
Y13	1997.01	油　井	1998.11.13 套管变形交大修	是
Y131	2004.11	油　井	不出油，长停，拉油井	
Y13-104	1999.04	油　井	2008.04.02 套破作业未成，封井待大修	
Y13-11	2007.01	油　井	2007.02.01 供液不足，关	是
Y13-23	1987.07	油　井	2005.07.05 作业未成，套变	是
Y13-25	1998.12	油　井	2004.05.27 高含水，无潜力，关	是
Y13-26	1987.06	油　井	2006.04.20 高含水，关	
Y13-3	1994.06	油　井	2006.03.21 套破作业未成，交大修	
Y13-5	1979.05	油　井	1987.07.12 交大修，已报废	是
Y13-6	1979.05	油　井	2002.02.01 管卡封井	
Y13-62	2002.12	油　井	2004.12.24 高含水，无潜力，关	是

井　号	投产时间	目前井别	目前状况	是否已报废
Y13-87	2004.02	油　井	2004.03.29 套破,封井交大修	
Y13X95	1998.11	油　井	2009.01.14 高含水,关	
Y13-10	1987.09	水　井	2002.04.20 套串停,已报废	是
Y13-24	1987.06	水　井	已报废	是
Y13-30	1987.07	水　井	2006.04.03 套串封井	
Y13-42	1987.06	水　井	1999.03.19 无功注水停	是
Y13-46	1987.08	水　井	1994.12.08 套管变形,关	是

二、营13东二段油藏剩余油及潜力分析

通过对营13东二段油藏注水后的剩余油分布特征及规律进行分析,为油田后期有效的转热实施开发提供潜力,为油田开发调整提供物源基础。

1. 营13东二段油藏剩余油分析

1)剩余油分布研究方法

剩余油分布研究方法很多,包括地质综合分析方法、生产测井方法、水淹层测井方法、检查井密闭取心法、开发地震技术法、微观剩余油分析法、油藏工程综合分析法和数值模拟法等(图2-2-4)。

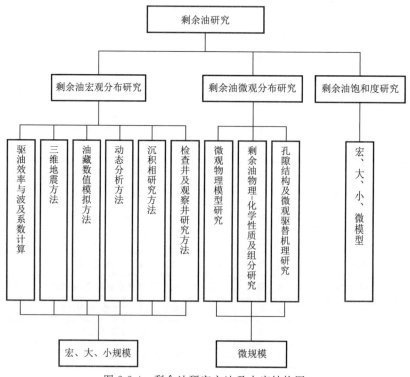

图 2-2-4　剩余油研究方法及内容结构图

（1）地质综合分析预测剩余油分析方法。

地质综合分析是研究和预测剩余油的有效手段之一，该方法在综合分析微构造、沉积微相、储集体非均质等地质因素的基础上，结合生产动态资料对剩余油进行综合研究和分析，预测剩余油分布。

① 微构造影响剩余油的分布。

由于微构造的存在，油气藏被分割成多个微型圈闭，从而影响油气藏中流体运动的方向和速度，控制着油气藏中剩余油的形成和分布。对处于同一开发时期的井来说，同一小层中位于微断鼻构造高部位的井的含水率相对于位于构造侧翼部位的井的含水率要高，而含油饱和度数值却相对低。李兴国认为，对于位于正向微构造上的油井，各个方向或多个方向均为向上驱油，剩余油从各个方向向此区流动，地质条件不利；而负向微构造，各个方面均为向下驱油，注入水向此区流动，地质条件有利。

② 沉积微相在平面上的变化影响剩余油的分布。

不同沉积条件和水动力能量会形成不同的沉积岩石组合或岩石相，不同沉积相带的岩石组合又有很大的差异。对同一油层，沉积微相在平面上的差异对水驱油效率及剩余油的形成与分布有较大的控制作用。深入研究储集体沉积微相的变化规律，可以指导剩余油研究，预测剩余油分布。

③ 断层封闭性影响剩余油的分布。

封闭性断层附近是剩余油较富集区，开启性断层附近剩余油相对贫乏。由于断层封闭性好（或砂岩尖灭线附近），使得采油井注水受效变差，油井易形成单一方向受效，有利于剩余油富集。

④ 非均质性综合分析预测剩余油。

非均质性综合分析包括储集体非均质和注采非均质两方面。储集体非均质是由于受储集体分布及连通性等因素的影响，油气藏内部储集体性质产生不均匀变化，导致油气藏内部部分地区水驱效率低，形成剩余油相对富集区。注采非均质是由于注采井网不完善或注采工作制度不合理，导致油气藏内部局部地区不能被有效驱替，形成剩余油富集区。

隔夹层的存在对剩余油分布会产生很大影响，隔夹层面积越大，隔夹层产状与储集体产状的夹角越明显，形成的剩余油越多。

（2）生产测井剩余油分析方法。

生产测井剩余油分析主要采用注水井吸水剖面测试资料和油井产液剖面测试资料来判断油层剖面动用状况和剩余油的分布。

① 注水井吸水剖面测井。

吸水剖面测试采用放射性同位素进行示踪测井，在未加入示踪剂之前先测一条同位素基线，然后在注入水中加同位素示踪剂，再测一条同位素曲线。将前后两条同位素曲线进行对比，第二条曲线上增加同位素异常值井段，可反映出对应层段的吸水能力大小和数量。根据注水井的吸水剖面资料，了解油层剖面吸水情况，监测油层水驱动态，分析油层剖面动用情况和剩余油的分布。

② 油井产液剖面测井。

在油井正常生产条件下，测量各生产层段沿井深纵向分布的产液量、含水率、流体密度等参数，用来判定油层剖面产出液体的性质和数量。当多油层生产时，对比分析所测产液剖面资料,能够了解和掌握油层剖面各层段的储量动用情况、水洗程度以及剩余油剖面的分布。

（3）水淹层测井剩余油分析方法。

水淹层测井技术是在油藏注水开发或天然水驱过程中认识剩余油分布的重要手段,也是油田动态监测的重要内容。

① 水淹层测井方法。

按照完井方式分为裸眼井测井方法和套管井测井方法。裸眼井测井方法包括自然电位基线偏移法、激发极化电位测井法、电阻率测井法、感应测井法、侧向测井法、长电极距梯度法、微电极测井法、介电测井法、声波时差测井法、中子伽马测井法、自然伽马测井法等。套管井测井方法包括 C/O 能谱测井法、中子寿命测井法等。

② 水淹层测井解释方法。

水淹层测井解释方法包括定性解释方法和定量解释方法。定性解释方法包括自然电位的基线偏移法、C/O 能谱测井的 C/O-Si/Ca 曲线插值法、激发电位法以及冲洗带电阻率、径向电阻率、测定可流动流体等方法。定量解释是通过测井资料计算出含水饱和度,并确定目的层的水淹层级别。水淹层级别划分为:强水淹(含水率大于 80%)、中水淹(含水率 40%～80%)、弱水淹(含水率 10%～40%)、油层(含水率小于 10%)。

水淹层测井虽然能解释小层的剩余油分布,但由于仅是通过对油井或水井井点的解释做到的,没有直接考虑储层的非均质性,并且不能做到所有油井和水井同时测井,这使得测井解释得到的剩余油分布通常都是较长时间段内的平均值,不能真实反映油田开发过程中剩余油分布在时间上的同步性。

（4）检查井密闭取心剩余油分析方法。

在目的层段进行密闭取心钻井,这是取得油层剩余油饱和度最直接的方法。密闭取心分析得到的含油饱和度数据能够真实地反映油层剩余油饱和度资料,可以判断有油层剖面剩余油的分布状况,还可以结合密闭取心井的位置推断剩余油的平面分布。

（5）开发地震技术剩余油分析方法。

地震技术预测剩余油是近年来兴起的剩余油预测新技术,主要包括地震反射波法、井间地震法、四维地震法等。如利用四维地震法进行剩余油预测分析,主要用来监测油水、油气界面的运移规律及其位置以及油藏中死油区的分布位置。

（6）微观剩余油分布分析方法。

微观剩余油分析方法主要是以岩心分析为基础,利用各种分析方法研究微观孔隙内部以薄膜、大孔隙中的滞留和小孔隙中的液滴等状态存在的剩余油分布,主要包括含油薄片分析技术、岩心仿真模型实验驱替方法、理想仿真模型实验驱替方法和随机网络实验模拟方法等。

（7）油藏工程综合分析法。

油藏工程综合分析法是从统计规律或工程测试方面对剩余油分布特征进行研究的。依据油田生产动态资料,通过分析油井见水、见效及产量、压力、含水率、油气比的平面、层间的分布变化,再结合油藏静态地质特征和生产测井资料,综合分析判断地下油水运动特征状况和变化规律,了解储量动用状况并研究剩余油分布。该方法能够利用丰富的生产数据,具有长时间连续追踪分析、费用低的特点,是现场普遍应用的重要方法。该方法包括示踪剂测试法、试井分析法、水驱特征曲线法、物质平衡法、生产资料拟合法和水动力学法等。

　　油藏工程计算方法是定量描述剩余油分布较为直观的方法之一，其优点在于利用开发数据，根据油藏工程计算方法进行剩余油指标的预测，能够较为便捷地了解地下情况，对单井调整或油田整体开发的宏观规划来讲，这不失为一种有效的依据，效果通常比较明显。

　　（8）油藏数值模拟法。

　　油藏数值模拟是定量研究剩余油分布的重要方法，该方法以地质模型为基础，利用油藏静、动态资料，运用流体渗流理论，通过求解差分方程，得到储集体中网格节点的压力、剩余油饱和度等参数的数值，从而研究和预测各开发阶段剩余油的空间分布。

　　油藏数值模拟是在精确建立油藏地质模型的前提下，通过历史拟合研究流体演化规律，进一步模拟油藏开发指标，求得剩余油饱和度、剩余储量、剩余可动油饱和度等参数，这样确定出来的整个油藏在"大规模"级别上的饱和度分布，其使用和参考价值还是很大的。

　　2）剩余油分布特征

　　（1）剩余油描述的"体积规模"。

　　剩余油在不同地质规模级别中存在的空间位置、形态、数量，甚至随时间的变化，就是油藏描述中的不同"体积规模"（图 2-2-5）。

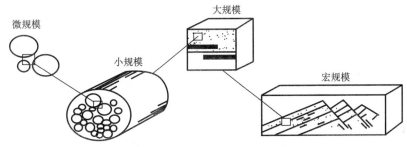

图 2-2-5　多孔介质的油藏描述规模图

　　① 微规模。

　　微规模即微观的剩余油分布，主要包括颗粒大小、孔隙尺寸的分布、孔壁的粗糙程度、充填的结构、孔喉的黏土层、孔隙类型、矿物学、胶结等对剩余油分布的影响，以及在扫描电镜和薄片中可以识别出的剩余油特征。微规模主要分析剩余油在孔隙内部的分布、数量和性质，可通过扫描电镜、薄片、光刻微物模型以及原油性质来分析剩余油。

　　② 小规模。

　　小规模用来确定油藏岩石特性，包括孔隙度、渗透率、分散性、压缩性、相对渗透率、毛细管与饱和度的关系，代表非均质性在每口井中随位置和方向的变化。剩余油分析的主要内容是饱和度，主要在实验室中针对各种岩心进行饱和度测量和驱替试验等。

　　③ 大规模。

　　大规模用来描述水力单元和流体流动的主要障碍，并建立单元油藏的大小、形状、方向、空间的布局与划分的间隔，着重分析剩余油分布状况和平均含油饱和度，可以通过常规油藏工程方法，如压力测试、测井测试、示踪剂测试等来分析剩余油。

　　④ 宏规模。

　　宏规模是从油藏整体分析剩余油的分布，侧重于构造、沉积、断层等地质因素和井网、注采关系、开发水平等开发技术政策因素对剩余油的影响，可以借助油藏工程方法和数值模拟方法来分析剩余油。

不同规模级别的剩余油分析对应不同的目标。例如,对于岩心测量得到的饱和度、测井解释方法得到的饱和度、物质平衡法计算得到的饱和度,它们的意义不同,不能互相取代。

(2)剩余油微观分布特征。

在亲水油层中,注入水由孔壁渗入后继续沿孔壁运移。在亲水孔隙介质条件下,渗入水以水膜形态铺满孔壁表面,小孔隙中很快被水充满,由这些充满水的小孔隙包围着的一个或一群大孔隙中的油很难被驱出,于是形成含油的"孤岛"。这些"孤岛"中的剩余油的形成与油水黏度比、注入通道不规则及孔隙结构非均质性有关。在亲水系统中,剩余油多呈珠状分布于大孔隙和孔隙中央或呈簇状分布于孔喉极不均匀地带,水则分布于小孔隙、孔壁等处,并且油与水的界线明显。

在亲油油层中,注入水与孔壁之间存在油膜,油水分布现象则与亲水岩石相反,剩余油多分布于小孔隙、孔隙边缘等处,而水则分布于大孔隙和孔隙中央,油与岩石颗粒之间的界线比较模糊。

大庆研究院许焕昌等通过岩心进行油驱水实验,根据实验资料,剩余油按其形态分为四种,如图 2-2-6 所示。

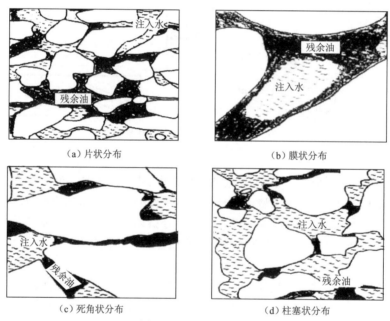

（a）片状分布 　　　　　　　　　　（b）膜状分布

（c）死角状分布 　　　　　　　　　　（d）柱塞状分布

图 2-2-6　剩余油形态

(3)剩余油宏观分布特征。

① 剩余油剖面分布特征。

a. 层间差异性导致低渗透油层的剩余油分布。

砂岩油田受沉积环境的影响常常存在油层层数多、非均质性强的特点。在注水开发中,对多层合采的油层,高渗透层吸水多,水洗充分,驱油效率高,剩余油较少;而低渗透层吸水少,水洗差,驱油效率低,剩余油分布较多。当层间差异较大时,渗透率相差悬殊,渗透率很低的差油层的吸水能力很差,甚至不吸水、不产液,留在油层中的剩余油就多。

　　b. 厚油层剖面水洗差,导致上部存在剩余油。

　　油层厚度对注入水的剖面波及程度影响很大,由于油水密度的差异,以及油与水的重力分异作用,使得注入水在横向流动时将逐步向油层下部汇集,导致下部油层水洗较好,而中上部油层水洗较差甚至未水洗,其动用程度低,剩余油富集在中上部。

　　c. 注采缺乏连通形成的剩余油。

　　在砂体窄小的油藏中,砂体有注水井控制但局部方向未钻遇采油井,或砂体有采油井控制但局部方向未钻遇注水井,导致注采不连通或缺乏注采连通的情况,从而形成局部水洗不到的剩余油。

　　d. 水锥形成的剩余油。

　　底水油藏开发时,底水上升过快,造成油井过早水淹,井底油水界面上升,抬高形成锥状,但离油井稍远处,油水界面还处在较低的位置,从而留下大量未动用的剩余油。

　　② 剩余油层内分布特征。

　　a. 不同韵律性油层的水驱特征。

　　正韵律油层注入水沿底部突进快,上部水淹差,剩余油分布富集。正韵律油层底部渗透率高,向上变低,储层非均质性强,导致渗透率纵向分布差异较大。注入水在重力作用下沿油层底部高渗透带窜流,导致底部进水快,水洗充分,水驱油效率高,但水驱波及体积增长慢,总体来看水驱效果较差。

　　反韵律油层水驱波及体积大,剩余油分布少。注入水首先沿顶部高渗透层推进,由于受到油水重力分异和毛细管作用,在岩石偏亲水条件下,注入水向下部中低渗透层下沉,水驱波及体积逐渐扩大,使得纵向上水线推进较为均匀,水洗厚度大,剩余油分布相对较少。

　　b. 沉积层理对水驱油的影响。

　　在直线斜层理中,水沿层理呈条带状窜进,驱油效果差;在交错层理和弧形斜层理中,水的推进比较均匀,驱油效果好。

　　沿不同方向注水,驱油的效果差别很大。顺层理方向注水,水易沿层理面窜进,驱油效果最差;逆层理方向注水,驱油状况可以显著提高。

　　③ 剩余油平面分布特征。

　　a. 注入水沿高渗透带突进,形成局部舌进。

　　注入水总是沿高渗透条带突进,造成这一地带的油井产油量高、水洗充分、储量动用程度高、剩余油分布低的特点。反之,物性较差的储层,注入水甚至注不进,油层水洗程度较差,储量动用程度也较低,剩余油主要富集在这些地区。

　　b. 双重渗透率方向性加剧了平面油水运动特征。

　　砂体内高能条带状展布所引起的方向性渗透,以及由于层理倾向和颗粒排列等组构引起的渗透率各向异性,两者同方向的重合形成双重渗透率方向性,从而加剧了储集层的平面非均质性。

　　c. 井间干扰现象。

　　同一注水井组,有一口油井见水产液量上升,其他油井产液量则会下降;调整生产井压差,邻井生产会受到影响,当油井从自喷转抽油或由抽油转电泵举升时,表现得最为明显,油井见水后,见水方向水线推进速度加快,平面舌进加剧。

d. 断层遮挡和井网控制程度差,增加平面差异。

受断层遮挡和井网控制程度差的影响,平面差异性更加突出,油藏开发到中后期高含水阶段,水淹体积很大,水淹程度不均匀,仍存在剩余油比较富集的地区。

3) 营 13 东二段剩余油分布规律

在油藏地质、动态研究的基础上,为了进一步落实剩余油分布情况,需进行数值模拟研究。为了更好地分析营 13 东二段的剩余油分布情况,选取该块含油面积大、地质储量丰富且纵向上连续的 3 个主力层东二 2^{2-1}、东二 2^{2-2} 和东二 2^{3-1} 的核部主体区域的高平台区建立区域模型,开展动态历史拟合,分析该块平面和纵向上的水淹状况及剩余油分布特点,找出剩余油的潜力区。

(1) 主力层资料处理。

由于营 13 东二段研究区采用大段合采合注,为了建立主力层区域模型,首先需要对油井进行小层产量劈分、油水相渗曲线归一化和黏温曲线标准化处理。

① 小层产量劈分。

营 13 东二段研究区采用大段合采合注,在油藏数值模拟前的处理过程中,将各小层油井的产量(产油量、产水量)和水井的注水量按照流动系数权重进行劈分,具体劈分方法遵循以下公式:

$$Q_i = Q_c \frac{\dfrac{k_i h_i}{\mu_i}}{\sum \dfrac{k_i h_i}{\mu_i}} \qquad (2\text{-}2\text{-}1)$$

式中 Q_i——油井或水井第 i 层的产油、产水量或注水量,10^4 t 或 10^4 m³;

Q_c——油井或水井的总产油、产水量或注水量,10^4 t 或 10^4 m³;

k_i——第 i 储层的有效渗透率,10^{-3} μm²;

h_i——油井或水井第 i 层射开的有效厚度,m;

μ_i——第 i 层地层原油或地面注入水的黏度,mPa·s。

② 油水相渗曲线归一化。

储层孔隙结构对相对渗透率具有明显的影响,根据相似性原则,相似的储层物性具有相近的相对渗透率曲线。营 13 东二段实验室测得的相对渗透率曲线有 2 条(图 2-2-7)。从图中可以看出,营 13 东二段油藏相渗曲线具有普通稠油的特点。

为了消除端面饱和度(临界流动饱和度)的影响,需要对测得的相对渗透率曲线进行归一化处理。油水两相相对渗透率曲线中的含水饱和度进行标准化的公式为:

$$S_{wn} = \frac{S_w - S_{wc}}{1 - S_{wc} - S_{or}} \qquad (2\text{-}2\text{-}2)$$

式中 S_{wn}——标准含水饱和度,小数;

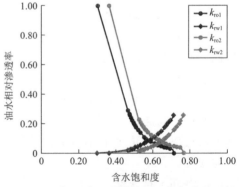

图 2-2-7 营 13 东二段营 13-21 井实验室测得
油水相对渗透率曲线

S_{w}——含水饱和度,小数;

S_{wc}——束缚水饱和度,小数;

S_{or}——残余油饱和度,小数。

对其进行归一化处理,将其值修正至 0~1 区间上,可得归一化曲线(图 2-2-8)。

③ 黏温曲线标准化。

绘制黏度 μ 和温度 T 的关系曲线。从营 13 东二段油井的地面原油黏温曲线(图 2-2-9)可以看出,黏温关系曲线难呈线性关系,随着温度的增加,黏度在初始段下降快,而当温度达到某一值后,黏温关系曲线趋于平缓;不同井区的黏温关系曲线差别还是较大的。

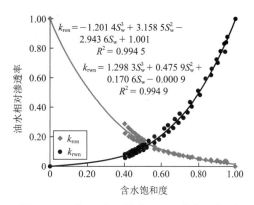

图 2-2-8 营 13 东二段营 13-21 井归一化后油水相渗曲线

k_{ron}—标准油相相对渗透率;

k_{rwn}—标准水相相对渗透率

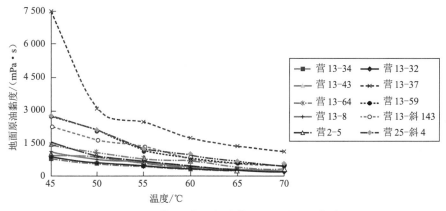

图 2-2-9 营 13 东二段油井地面原油黏温曲线

为了消除溶解气对原油黏温关系的影响,需要对黏温关系曲线进行标准化处理。在 ASTM[$\lg\mu$-T 或 $\lg(\lg\mu)$-$\lg T$]坐标上作出标准化的黏温曲线(图 2-2-10)。从图中可以看出,曲线 $\lg(\lg\mu)$-$\lg T$ 近似呈一条直线,趋势线公式斜率的绝对值一般都大于 3,表明该区原油黏温关系敏感程度较强,适合于注蒸汽热采开发。

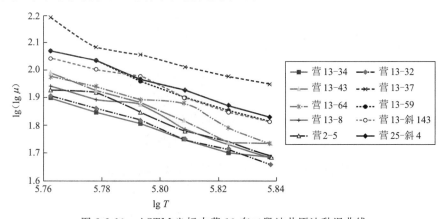

图 2-2-10 ASTM 坐标中营 13 东二段油井原油黏温曲线

ASTM 坐标中营 13 东二段井区原油黏温曲线趋势线拟合相关系数(表 2-2-3)是比较高的。对原油黏温曲线趋势线公式的斜率和截距取平均值后,可得到该块的原油黏温曲线公式为:$\lg(\lg \mu) = -3.3113\lg T + 21.089$。因此,该块 50 ℃时平均地面脱气原油黏度为 1 148 mPa·s,地层条件下(70 ℃)原油黏度为 105 mPa·s。

表 2-2-3　ASTM 坐标中营 13 东二段原油黏温曲线趋势线

井　号	趋势线公式	相关系数
营 13-34	$\lg(\lg \mu) = -2.9562\lg T + 18.927$	$R^2 = 0.9842$
营 13-22	$\lg(\lg \mu) = -3.3494\lg T + 21.213$	$R^2 = 0.9951$
营 13-43	$\lg(\lg \mu) = -3.6023\lg T + 22.744$	$R^2 = 0.9763$
营 13-37	$\lg(\lg \mu) = -2.9497\lg T + 19.154$	$R^2 = 0.9418$
营 13-64	$\lg(\lg \mu) = -3.2213\lg T + 20.555$	$R^2 = 0.9596$
营 13-59	$\lg(\lg \mu) = -3.5128\lg T + 22.317$	$R^2 = 0.9927$
营 13-8	$\lg(\lg \mu) = -3.5944\lg T + 22.668$	$R^2 = 0.9779$
营 13-斜 143	$\lg(\lg \mu) = -3.2428\lg T + 20.740$	$R^2 = 0.9807$
营 2-5	$\lg(\lg \mu) = -3.4234\lg T + 21.673$	$R^2 = 0.9814$
营 25 斜 4	$\lg(\lg \mu) = -3.2607\lg T + 20.864$	$R^2 = 0.9956$

(2) 油藏数值模拟。

选取营 13 东二段含油面积大、地质储量丰富且纵向上连续的 3 个主力层东二 2^{2-1}、东二 2^{2-2} 和东二 2^{3-1} 的中部主体区域的高平台区建立区域模型,其中东二 2^{2-1} 小层地质储量 69.1×10^4 t,剩余地质储量 64.7×10^4 t;东二 2^{2-2} 小层地质储量 59.4×10^4 t,剩余地质储量 50.6×10^4 t;东二 2^{3-1} 小层地质储量 28.9×10^4 t,剩余地质储量 27.2×10^4 t。

① 三维地质模型。

在油藏精细描述的基础上,针对营 13 东二段主力层研究区的地质特点,采用九点法中心差分网格,应用 Petrel 地质建模软件建立该块的油藏三维地质模型(图 2-2-11)。平面上 x 方向 113 个网格,y 方向 92 个网格,网格步长都是 20 m/个;垂向上 11 层(3 个油层,每层均分成 3 个韵律段,2 个隔层),总节点数 114 356 个,其中有效节点数 48 208 个。

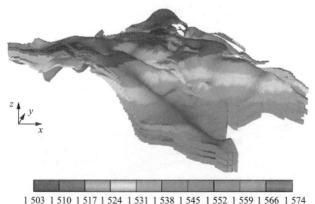

1 503 1 510 1 517 1 524 1 531 1 538 1 545 1 552 1 559 1 566 1 574
渗透率/(10^{-3} μm²)

图 2-2-11　营 13 东二段主力层油藏三维顶面构造图

② 储量拟合。

通过所建的油藏三维地质模型，运用 CMG 软件进行主力层东二 2^{2-1}、东二 2^{2-2} 和东二 2^{3-1} 的储量拟合，结果见表 2-2-4。从拟合结果可以看出，拟合的储量与 Petrel 模型运算的储量相对误差为 0.39%～1.36%，拟合误差在数值模拟拟合误差允许范围（<5%）之内，拟合结果可信。

表 2-2-4　营 13 东二段主力层储量拟合情况表

小层号	地质计算 /(10^4 t)	Petrel 模型 /(10^4 t)	CMG 拟合 /(10^4 t)	Petrel 模型与地质计算误差/%	CMG 拟合与 Petrel 模型误差/%
东二 2^{2-1}	36.43	34.91	35.05	−4.17	0.39
东二 2^{2-2}	42.74	45.26	45.78	5.90	1.14
东二 2^{3-1}	23.36	24.18	24.51	3.52	1.36
合　计	102.53	104.35	105.34	1.78	0.94

③ 历史拟合。

在油藏三维地质模型的基础上，利用数值模拟技术对营 13 东二段主力层模型区的生产动态和注水情况进行历史拟合。

a. 主力层全区指标拟合。

在数值模拟过程中，采用定液生产的方式作为油井的控制条件，采用定注水量的方式作为水井的控制条件，对营 13 东二段主力层研究区全区的生产指标（累积产液量、累积产油量、综合含水率和累积注水量）进行历史拟合，通过修正模型参数，数值模拟的最终拟合结果（表2-2-5、图 2-2-12～图 2-2-15）总体上和该油藏的开发实际相吻合。

表 2-2-5　营 13 东二段主力层全区生产指标拟合情况表

项　目	累积注水量/(10^4 m³)	累积产油量/(10^4 m³)	累积产水量/(10^4 m³)	综合含水率/%
拟　合	172.54	13.52	62.13	92.74
实　际	173.11	13.80	61.95	88.93
误差/%	−0.33	−2.03	0.29	4.28

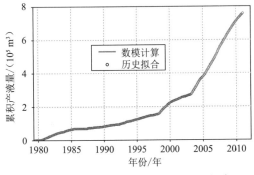

图 2-2-12　主力层模型区累积产液量拟合

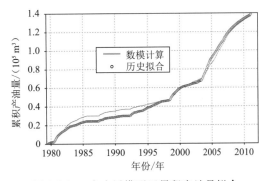

图 2-2-13　主力层模型区累积产油量拟合

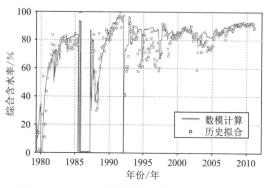

图 2-2-14　主力层模型区油藏综合含水率拟合

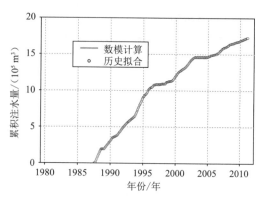

图 2-2-15　主力层模型区累积注水量拟合

b. 主力层单井指标拟合。

营 13 东二段主力层模型区总井数 27 口,其中油井 21 口、水井 2 口、油井转水井 4 口。单采主力层的油井 8 口、油井转水井 1 口,其余井全与其他小层合采;累积产油量 ≥ 7 000 t 的油井有 8 口。数值模拟过程中,把主力层的单采井和累积产油量较大的井作为模型区的重点拟合井,共 13 口。这里给出营 13-6 井、营 13-105 井累积产油量,营 13-21 井、营 13-28 井日产油量,以及营 13-21 井、营 13-103 井含水率拟合结果,如图 2-2-16~图2-2-21 所示。

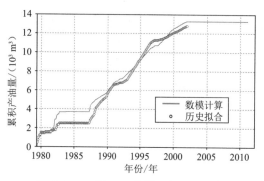

图 2-2-16　营 13-6 井累积产油量拟合

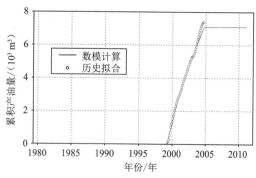

图 2-2-17　营 13-105 井累积产油量拟合

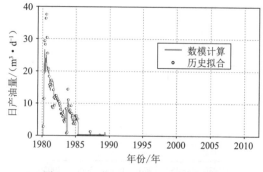

图 2-2-18　营 13-21 井日产油量拟合

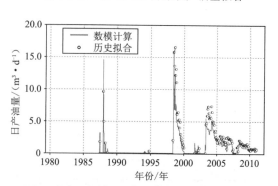

图 2-2-19　营 13-28 井日产油量拟合

从营 13 东二段主力层模型区的数值模拟拟合结果来看,单井拟合相对较好。模型区共投产油井 25 口,其中拟合较好的井有 18 口,占 72%;投产水井 6 口,拟合程度都较高。营 13 东二段主力层总体拟合结果满足拟合比例,相对误差符合数值模拟误差允许范围。

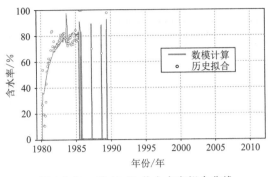

图 2-2-20　营 13-21 井含水率拟合曲线

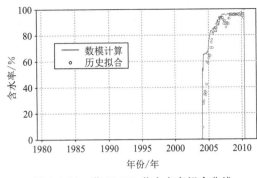

图 2-2-21　营 13-103 井含水率拟合曲线

（3）营 13 东二段水淹层及剩余油分布。

① 水淹层测井解释。

a. 饱和度测井解释。

从营 13-92 井的饱和度测井解释结果（表 2-2-6）分析，油层纵向上水淹程度差异大，水淹程度最大的小层东二 5^4 含水饱和度高达 74.7%，最低的东二 6^4 含水饱和度为 50.2%；厚度大的小层含水饱和度相对高，说明厚层、高渗透层吸水效果好，水淹严重。

表 2-2-6　营 13-92 井 SNP 数字能谱测井解释成果

层　位	中水淹层（目前含水饱和度小于 60%）			高水淹层（目前含水饱和度大于 60%）		
	油层厚度/m	总厚度/m	百分比/%	油层厚度/m	总厚度/m	百分比/%
东二 1	2.4	2.4	100.0	0.0	2.4	0.0
东二 2	3.0	5.6	53.6	2.6	5.6	46.4
东二 3	4.1	9.8	41.8	5.7	9.8	58.2
东二 4	2.4	10.2	24.5	7.7	10.2	75.5
东二 5	3.8	10.0	38.0	6.2	10	62.0
东二 6	6.8	6.8	100.0	0.0	6.8	0.0
合　计	22.6	44.8	50.4	22.2	44.8	49.6

b. 硼中子测井解释。

从 2004 年营 13-112 井的硼中子测井来看，纵向上渗透率相对较高的小层为严重出水层，见表 2-2-7。

表 2-2-7　营 13-112 井硼中子测井解释成果

层　位	井段/m	厚度/m	解释结果	含油饱和度/%	备　注
东二 4^3	2 213.6～2 216.8	3.2	严重出水层		
东二 4^5	2 219.3～2 223.8	4.5	严重出水层		
东二 5^1	2 253.3～2 255.0	1.7	油　水	32	
东二 5^2	2 255.0～2 258.5	3.5	出水层		
东二 5^3	2 258.5～2 260.3	1.8	水淹层		污　染
	2 263.1～2 265.0	1.9	油　水	32.3	

层　位	井段/m	厚度/m	解释结果	含油饱和度/%	备　注
东二 5^5	2 271.0～2 273.8	2.8	出水层		
	2 275.1～2 276.8	1.7	油　水	33.7	
东二 5^6	2 279.0～2 280.0	1.0	油　水	35.9	
东二 5^{1+2}	2 252.5～2 261.0	8.5	串　槽		

c. 新井测井解释。

1999 年后共投产 13 口新井,9 口井没有解释水淹层,4 口井部分油层测井解释水淹(表 2-2-8)。其中,营 13X117 井有 85.2% 的油层水淹;位于油藏中部的井,下部油层水淹严重,位于油藏边部的井,上部油层水淹严重。统计水淹层的平均厚度 3.62 m,平均渗透率 937.2×10^{-3} μm^2,未水淹层的平均厚度 2.86 m,平均渗透率 355×10^{-3} μm^2,这说明平面上岩性和断层控制水淹程度,纵向上厚油层、物性好的油层水淹严重。

表 2-2-8　营 13 东二 1999 年后投产井水淹情况统计表

井　号	水淹厚度/m	油层厚度/m	比例/%	水淹层	水淹部位
营 13-112	8.2	22.6	36.3	东二 $4^3,4^5$	上部油层
营 13X109	25.2	58.8	42.9	东二 $7^1,8^1,8^2,8^4,10^3,10^6$	下部油层
营 13X116	4.8	34.2	14.0	东二 4^5	上部油层
营 13X117	16.1	18.9	85.2	东二 $4^5,4^7,5^4,6^3,6^5,7^1$	下部油层

② 水淹状况及剩余油分布。

a. 平面水淹状况及剩余油分布特点。

截止到 2011 年 8 月或停产时,营 13 东二段含水率大于等于 80% 的油井有 36 口,占 73.5%;含水小于 80% 的油井只有 13 口,占 26.5%(表 2-2-9)。这说明该块平面水淹面积较大且比较严重,只有少数井点含水较低。

表 2-2-9　营 13 东二段含水分级统计表

统计井数 /口	＜70%		70%～80%		80%～90%		＞90%	
	井数/口	占比例/%	井数/口	占比例/%	井数/口	占比例/%	井数/口	占比例/%
49	10	20.4	3	6.1	6	12.2	30	61.2

从营 13 东二段目前或停产前油井含水率泡泡图(图 2-2-22)、营 13 东二段目前生产井含水率柱状图(图 2-2-23)和营 13 东二段主力层拟合末期油藏含水饱和度分布场(图 2-2-24)上,都可以明显地看出该块的平面水淹规律:该块平面水淹严重,大多数油井的含水率都较高,低含水区零星分布,只有少数油井的含水率小于 60%。

从营 13 东二段东二 2^{2-1} 小层储量潜力表(表 2-2-10)来看,该小层平面上共有 16 个油砂体,其中剩余地质储量大于 3.0×10^4 t 的油砂体共有 6 个(编号 11~16)(图 2-2-25),其剩余储量满足经济极限控制储量要求,具有布新井的潜力。

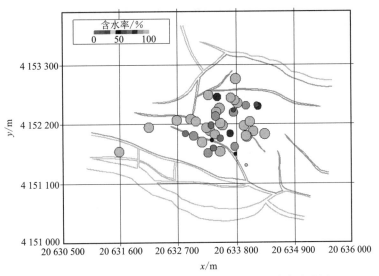

图 2-2-22　营 13 东二段目前或停产前油井含水率泡泡图

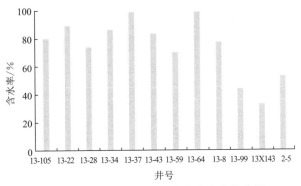

图 2-2-23　营 13 东二段生产井含水率柱状图

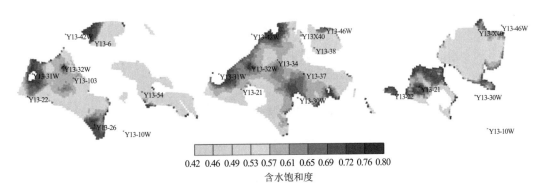

（a）东二 2^{2-1} 第 3 韵律段　　　　　（b）东二 2^{2-2} 第 3 韵律段　　　　　（c）东二 2^{3-1} 第 3 韵律段

图 2-2-24　营 13 东二段主力层拟合末期油藏含水饱和度分布场

　　分析营 13 东二段主力层研究区拟合末期油藏的平面剩余油饱和度分布场（图 2-2-26）认为，该块平面上剩余油富集区分布零散，东二 2^{2-1} 小层主要分布在营 13-103—营 13-22—营 13-26 井区、营 13-54 井区和营 13-6 井区。东二 2^{2-2} 小层大部分区域剩余油饱和度较高。

表 2-2-10　营 13 东二段东二 2²⁻¹ 小层储量潜力表

砂　体	地质储量 /(10⁴ t)	井数 /口	累积产油量 /(10⁴ t)	采出程度 /%	剩余地质储量 /(10⁴ t)	单井控制剩余地质储量/(10⁴ t)
16	3.93	1	0.51	13.06	3.41	3.41
11	17.51	3	0.57	3.24	16.94	5.65
13	25.85	7	3.05	11.81	22.80	3.26
15	4.04	1	0.02	0.55	4.02	4.02
14	6.01	0			6.01	
12	7.15	1	0.30	4.20	6.85	6.85
28	0.03	0			0.03	
23	1.02	0			1.02	
24	1.07	0			1.07	
31	0.07	0			0.07	
29	0.36	0			0.36	
30	0.17	0			0.17	
25	1.28	0			1.28	
27	0.23	0			0.23	
22	0.39	0			0.39	
26	0.01	0			0.01	
合　计	69.12	13	4.45	6.45	64.66	4.97

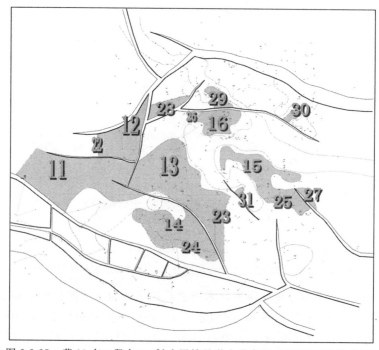

图 2-2-25　营 13 东二段东二 2²⁻¹ 小层储量潜力分布图（基于顶面微构造图）

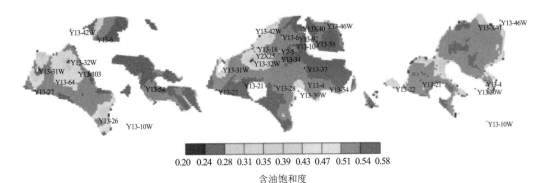

0.20　0.24　0.28　0.31　0.35　0.39　0.43　0.47　0.51　0.54　0.58

含油饱和度

（a）东二 2$^{2-1}$第 2 韵律段　　　　　（b）东二 2$^{2-2}$第 1 韵律段　　　　　（c）东二 2$^{3-1}$第 2 韵律段

图 2-2-26　营 13 东二段主力层拟合末期油藏的平面剩余油分布场

b. 层间水淹状况及剩余油分布特点。

从营 13 东二段主力层模型区拟合末期营 13-54 井和营 13-31 井的含水饱和度剖面图
（图 2-2-27）上可以看出，受层间非均质性强的影响，该块纵向上的水淹程度差异较大。

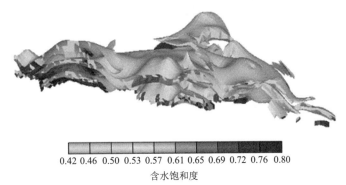

0.42　0.46　0.50　0.53　0.57　0.61　0.65　0.69　0.72　0.76　0.80

含水饱和度

图 2-2-27　营 13 东二段主力层拟合末期含水饱和度剖面（营 13-54 井和营 13-31 井）

因该块为河流相沉积，受边水和注水影响，每个主力层底部水淹严重，油层顶部剩余油
富集（图 2-2-28）。

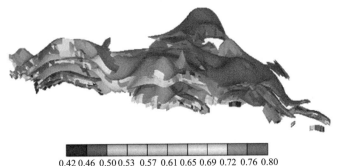

0.42 0.46 0.50 0.53　0.57　0.61 0.65 0.69　0.72 0.76 0.80

含油饱和度

图 2-2-28　营 13 东二段主力层拟合末期剩余油分布剖面（营 13-54 井和营 13-31 井）

2. 营 13 东二段油藏潜力分析

根据剩余油的分布特征，分析营 13 东二段油藏有利于新井部署的潜力区块。

1）无井控制区剩余油潜力

由剩余油分布特点可知，营 13 东二段大部分油水井都集中在营 13 断块中部主体区域的高平台区，边部油水井较少，而内部的油水井是营 13 断块沙一、沙二段的上返井，没有规则的井网。

统计 383 个油砂体，结果 115 个油砂体储量未动用，储量为 64×10^4 t，占总储量的 14%，选其中储量丰度大于 40×10^4 t/km² 的油砂体为本次新井调整的有利区块（表 2-2-11）。

表 2-2-11 营 13 未动用区块统计表

未动用区块	小层号	地质储量/(10^4 t)	合计/(10^4 t)
营 13-3	东二 1^4	6.06	8.78
	东二 10^6	0.88	
	东二 10^7	1.36	
	东二 11^1	0.48	
营 13-43	东二 1^3	0.16	5.35
	东二 1^4	1.02	
	东二 1^5	0.19	
	东二 2^3	1.69	
	东二 3^5	1.69	
	东二 5^3	0.60	
营 13-50	东二 1^1	0.53	4.34
	东二 1^4	3.81	
营 17-X61	东二 11^5	9.90	17.90
	东二 11^7	1.40	
	东二 12^2	7.50	

在这些无井控制区，油藏的地质储量没能得到有效的开采，剩余油仍然非常丰富，是下一步开发调整的潜力区域。

2）有井控制动用程度低区剩余油潜力

曾经有井生产过，但动用程度低，且改其他层系时含水 70% 左右，改其他层时间较早，剩余油仍较富集，如营 13-1 块动用程度较低，1983 年转东营组，转前液量低，含水 68% 左右，分析认为该块经过 20 多年的地层压力恢复和油气水的重新分布剩余油较为富集（表 2-2-12）。

表 2-2-12 营 13-1 块剩余油分布统计表

小层号	地质储量/(10^4 t)	累积产油量/(10^4 t)	剩余可采储量/(10^4 t)
东二 1^4	3.36	0.07	1.16
东二 1^5	0.82	0.09	0.21
东二 3^1	0.41	0.06	0.09

小层号	地质储量/(10⁴ t)	累积产油量/(10⁴ t)	剩余可采储量/(10⁴ t)
东二 4³	2.44	0.09	0.80
东二 4⁶	0.11	—	0.04
东二 4⁷	1.70	—	0.62
东二 4⁸	0.62	—	0.23
合　计	9.46	0.31	3.15

3）断层边角、构造高部位、井网控制差的部位剩余油潜力

根据精细地质研究和构造解释，重新组合断层，有些断块的断层边角、构造高部位无井控制，在营13-4块、营13-19块（表2-2-13、表2-2-14）和营13-92块剩余油富集。

表 2-2-13　营 13-4 块剩余油分布统计表

小层号	储量/(10⁴ t)	累积产油量/(10⁴ t)	剩余可采储量/(10⁴ t)
东二 6⁴	3.70	1.24	0.16
东二 6⁷	2.74	0.71	0.33
东二 6⁹	3.31	0.58	0.67
东二 7¹	3.82	0.61	0.83
合　计	13.57	3.14	1.99

表 2-2-14　营 13-19 块剩余油分布统计表

小层号	储量/(10⁴ t)	累积产油量/(10⁴ t)	剩余可采储量/(10⁴ t)
东二 5¹	8.1	1.0	2.1
东二 5²	3.5	1.3	0.1
东二 5⁴	1.9	0.8	0.0
合　计	13.5	3.1	2.2

东二 $1\sim4^3$ 小层的潜力区块为营 13-92 块，其储量为 7.7×10^4 t，累积产油量 2.1×10^4 t，剩余可采储量 0.8×10^4 t，低部位钻遇的井有营 13-92，13-6 和 13-79 这 3 口井，但只有营 13-92 井生产，其他 2 口井在东营组。营 13-92 井初期单采不含水，单采后期能量不足，产液量低，1995 年 12 月补孔，$3^1\sim4^3$ 合采，3 个月后含水率从 4.5% 上升到 83%，目前日产液 131 t/d，含水 97.5%，说明该块高部位剩余油富集。

4）主力层区平面、层间剩余油潜力

从营 13 东二段主力层拟合末期油藏的平面剩余油分布场（图 2-2-29）上可以清楚地看到，油水井间的许多区域储量动用程度较差，油藏仍有大量的剩余油存在，具备下一步开发调整的潜力。

从营 13 东二段各小层的剩余地质储量分布图（图 2-2-30）上来看，营 13 东二段主力层东二 2^{2-1}、东二 2^{2-2}、东二 2^{3-1}、东二 3^{1-2} 和东二 4^4 的剩余地质储量丰富，都大于 26×10^4 t，这说明这些主力层的油藏内仍有大量的剩余油存在，具备布新井开发调整的潜力。

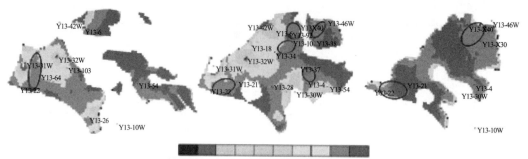

（a）东二 2²⁻¹第 2 韵律段 　　　（b）东二 2²⁻²第 2 韵律段 　　　（c）东二 2³⁻¹第 1 韵律段

图 2-2-29　营 13 东二段主力层拟合末期油藏的平面剩余油分布场

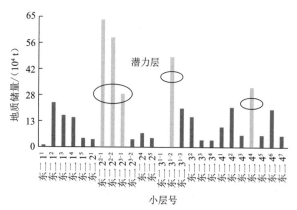

图 2-2-30　营 13 东二段各小层剩余地质储量分布图

第三章

营 13 东二段油藏水驱转热采开发调整对策

从营 13 东二段稠油油藏注水开发效果和剩余油分布潜力分析来看,该油藏注水开发效果不太理想,层间和平面上存在大量的剩余油,具备挖潜的物质基础,但注水开发很难进一步提高油藏采收率,采用注蒸汽热采开发方式接替水驱开采稠油油藏是行之有效的提高采收率的方法。

第一节 稠油油藏低效水驱原因

通过对稠油油藏水驱油过程及水驱作用下的渗流特征的研究,找出影响水驱稠油的因素,进而分析水驱稠油油藏低效水驱的原因。

一、稠油油藏水驱油过程

1. 稠油油藏水驱油非混相过程

稠油油藏水驱过程是一个非混相驱替过程,即不混溶的水驱赶并代替岩石孔隙中可流动的稠油的过程。下面用解析的方法分析水驱稠油的非混相驱替过程。

作如下假设:

(1)在油层多孔介质中,可动的流体只有油和注入水,并且它们的运动方向相同。

(2)水驱作用下,假设岩石是水润湿的,则驱替过程是自吸过程。

(3)不考虑流体的压缩性,将其视为刚性流体。

(4)驱替过程中保持毛细管力与重力平衡,且平衡在瞬间完成。毛细管力和重力差使流体饱和度达到纵向上的平衡。

在倾斜油藏中考虑重力分异的稳定驱替和不稳定驱替(图 3-1-1)。如果驱替过程中油水界面能够保持稳定,β 不变,则为稳定驱替,即驱替稳定性条件为:

$$\frac{\mathrm{d}y}{\mathrm{d}x} = -\tan\beta = C \quad \tan\beta > 0 \tag{3-1-1}$$

式中　β——水驱油界面与油层夹角,(°);

　　　C——常数。

不过这一条件只有在注水量较小,流体之间密度差异使得重力能够保持界面稳定时才能满足,只有在注水量降至零(极限状态)时液面才能保持水平(图3-1-1a),否则液面会发生倾斜(图 3-1-1b)。根据渗流力学理论可以推导出稳定条件下油水流动界面的斜率:

$$\frac{\mathrm{d}y}{\mathrm{d}x} = -\tan\beta = \frac{M'-G-1}{G}\tan\theta \qquad (3\text{-}1\text{-}2)$$

式中　M'——端面流度比;

　　　G——无因次重力数;

　　　θ——油层倾角,(°)。

在极限状态下,$\mathrm{d}y/\mathrm{d}x=0$,该条件下的稳定驱替临界流量 q_{tc} 为:

$$q_{tc} = \frac{kk'_{rw}A\Delta\rho g\sin\theta}{\mu_w(M'-1)} \qquad (3\text{-}1\text{-}3)$$

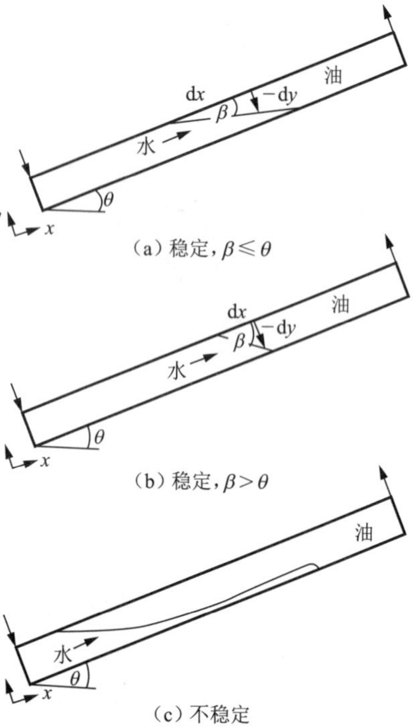

式中　k——油藏的绝对渗透率,$10^{-3}\ \mu m^2$;

　　　k'_{rw}——倾斜地层水相相对渗透率,小数;

　　　A——油水接触面的面积,cm^2;

　　　$\Delta\rho$——油水密度差,g/cm^3;

　　　μ_w——水相黏度,$mPa\cdot s$。

当注水量增加时,驱替流体沿储层方向流动的黏滞力将大于向下倾斜的作用力,则液面会发生弯曲,形成不稳定驱替(图 3-1-1c),此时水以指进形式在油的下层流动,导致油井过早见水。

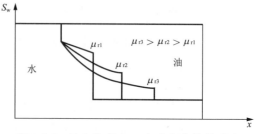

图 3-1-1　水驱油过程示意图

随着注入水继续渗入油层,油层中两相区范围不断扩大,原来两相区范围内的油又被洗出一部分,因此两相区中含水饱和度逐渐增加,含油饱和度则逐渐减小。在进入油区的累积水量一定的条件下,油水黏度比越大,形成的两相区范围越大(图 3-1-2),因此累积注水量相同时,油水黏度比大的岩层中井排见水时间早。

图 3-1-2　油水黏度比 μ_r 与水驱前缘关系图

当注水开发多油层非均质油田时,由于油层渗透率在纵向上和平面上的非均质性,注入水沿着高渗透层或高渗透区窜流,而中低渗透层或渗透区却吸水很少。加上稠油油藏油水黏度比大,更是加剧了纵向上的指进现象和平面上的舌进现象(图 3-1-3)。油层在纵向上和平面上的非均质性造成了水驱油过程的复杂性,导致水驱油效率较低。

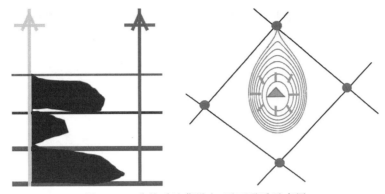

图 3-1-3　非均质油藏纵向、平面矛盾示意图

2. 稠油油藏渗流特征

稠油与常规稀油不同,由于其黏度高、相对分子质量大、极性强,原油与岩石界面及原油分子之间界面的相互作用力大,导致稠油的渗流偏离达西定律,这种渗流是具有启动压力梯度的非达西渗流。

稠油油藏非达西渗流的特征主要是由稠油分子间界面力以及稠油与孔隙之间的黏滞力造成的,启动压力梯度是原油能否渗流的门槛值。稠油在多孔介质中渗流时,只有当驱动压力梯度超过初始启动压力梯度时,稠油才开始流动。1955年 Y. S. Wu 通过实验认为稠油地下渗流满足非牛顿流体中宾汉流体的渗流规律,渗流过程存在初始压力梯度(图 3-1-4)

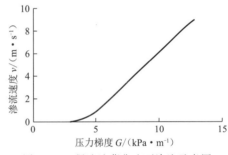

图 3-1-4　稠油油藏非达西渗流示意图

稠油在多孔介质中渗流时表现为:

(1)当驱动压力梯度较小而不能克服稠油渗流的启动压力梯度时,稠油不渗流或渗流速度极小。

(2)当驱动压力梯度增大到某一值,达到可以克服稠油渗流的启动压力梯度时,渗流速度初始呈抛物线形态缓慢增加,随着驱动压力梯度继续增加,渗流速度呈拟直线增加。

(3)把渗流曲线与压力梯度轴的交点作为启动压力梯度。

启动压力梯度与储层及流体的关系为:

$$\lambda = 0.7\tau_0 \sqrt{\frac{\phi}{k}} \tag{3-1-4}$$

式中　λ——启动压力梯度;

　　　τ_0——变量;

　　　ϕ——孔隙度;

　　　k——渗透率。

其中,$\tau_0 = f(\mu, x, k, T, \lambda_0)$,即 τ_0 受原油黏度 μ、原油组分 x、储层渗透率 k、温度 T 和初始启动压力梯度 λ_0 的影响。

稠油属于非牛顿流体,其在常温下的渗流不符合达西定律,油水相渗关系只能定性反映稠油的渗流特点。可通过采用 Pirson 和 Boatman 公式计算相对渗透率：

$$k_{rw} = S_w^4 \sqrt{\frac{S_w - S_{wc}}{1 - S_{wc}}} \tag{3-1-5}$$

$$k_{ro} = \left(1 - \frac{S_w - S_{wc}}{1 - S_{wc} - S_{or}}\right)^2 \tag{3-1-6}$$

不同驱替速度下油水相对渗透率曲线（图 3-1-5）具有如下特征：

（1）随着含水饱和度的增加，稠油的相对渗透率急剧下降。

（2）随着含水饱和度的增加，水相相对渗透率变化缓慢，且高含水期曲线端部抬不起头来。

（3）油水两相流动区较小，稠油油藏见水后原油流动受到限制，油相渗透率降低比稀油明显。

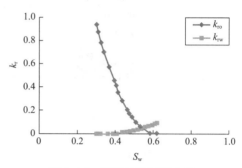

图 3-1-5　稠油油藏相渗曲线

造成这种现象的主要原因是超稠油的黏度极高，油相首先沿着大孔道流动，小孔道中的原油很难或者几乎不参与流动，这就使得水相在孔道中的流动较为困难，所以水相的相对渗透率上升得很缓慢，油相和水相的相对渗透率等渗点值很小。

二、稠油油藏低效水驱原因分析

1. 稠油油藏水驱油影响因素

常规稠油油藏水驱油效率的影响因素大致可以分为地质因素、油田开发和采油技术因素两个方面。下面从原油黏度和润湿性上分析影响稠油低效水驱的地质因素。

1）原油黏度

大量理论研究和矿场实践表明，随着油水黏度比、储层非均质性以及岩石表面润湿性的不同，含水率上升的特点也不同。一般按照含水率上升曲线的形态将其分为凸形、S 形、凹形、凸—S 形及 S—凹形 5 种类型（图 3-1-6）。

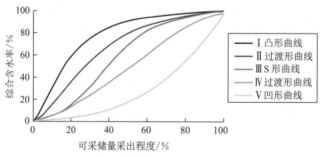

图 3-1-6　采出程度与含水率关系曲线

当极限含水率取 98% 时，水驱油藏含水率 f_w、采出程度 R 和最终采收率 E_R 之间满足统计关系式：

$$\lg \frac{f_w}{1 - f_w} = 7.5(R - E_R) + 1.69 \tag{3-1-7}$$

可作出不同采收率情况下含水率与采出程度之间的关系曲线,即童氏图版。以油藏黏度和渗透率级差为主要分类指标,根据统计规律研究,水驱油藏含水率与采出程度关系统计规律标准曲线总结为5种形式(表3-1-1)。

表 3-1-1 水驱油藏含水率与采出程度曲线表

序 号	曲线形态	f_w-R
1	凸形	$R = A + B\ln(1 - f_w)$
2	凸—S过渡形	$\ln(1 - R) = A + B\ln(1 - f_w)$
3	S形	$R = A + B\ln[f_w/(1 - f_w)]$
4	S—凹过渡形	$\ln R = A + Bf_w$
5	凹形	$\ln R = A + B\ln f_w$

高油水黏度比油田的含水率与采出程度曲线呈凸形,无水采油期短,油井见水早,含水率上升快,高含水期是主要的采油期,开发效果相对较差。

2)润湿性

岩石的亲水润湿性有利于水驱油效率的提高。在注水开发过程中,亲水油层水质点润湿岩石表面,呈水膜状态,有附着在砂岩颗粒表面和占据小孔隙的趋势,从而将原油推向大孔隙和孔隙中央,毛细管力起吸水排油作用,是驱油的动力,有利于注入水驱替原油;亲油油层水相沿着孔道中心推进,而油相有吸附在砂岩颗粒表面和占据小孔隙的趋势,毛细管力是驱油的阻力,不利于提高驱油效率(图3-1-7)。

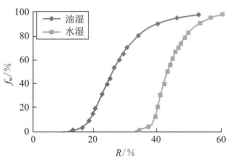

图 3-1-7 含水率与采出程度关系曲线

2. 稠油油藏低效水驱原因

胜利油区普通稠油油藏的水驱开发储量为9.13×10^8 t,其中采收率低于25%的储量达到3.75×10^8 t,主要受原油黏度的影响,稠油油藏的开发效果差别很大。从胜利油区典型的稠油油田水驱开发统计表(表3-1-2)可以看出,当地下原油黏度小于87 mPa·s时,采收率高于30%;当地下原油黏度为89~92 mPa·s时,采收率为20%~30%;当地下原油黏度大于96 mPa·s时,采收率低于18%。为了进一步提高采收率,有必要对稠油油藏低效水驱进行深入分析。

表 3-1-2 胜利油区稠油油藏水驱开发指标统计表

油田(区块)	层 位	地下原油黏度/(mPa·s)	水驱采收率/%
孤岛中一区	$Ng_3 \sim Ng_4$	50	38.4
东辛营八	$Es_2^{\text{下}}$	63.5	34.9
孤岛南区	$Ng_3 \sim Ng_5$	66	33.3
孤岛中二北	$Ng_3 \sim Ng_5$	92	26.4

油田(区块)	层　位	地下原油黏度/(mPa·s)	水驱采收率/%
孤岛西区	Ng$_3$～Ng$_5$	87	30.0
孤岛中二区	Ng$_3$～Ng$_5$	89	27.2
埕东西区	Ng	98	17.9
孤岛东区	Ng$_3$～Ng$_4$	112	15.6
孤岛渤 21	Ng$_3$～Ng$_4$	96	16.8
义　东	Ng,Ed	354	5.6

1) 稠油为非牛顿流体,所需剪切应力大

常温水驱时,稠油在多孔介质中渗流表现为拟塑性非牛顿流体的特征。例如,孤岛油田 50 ℃时,中二南块的中 22-斜 612 井原油黏度为 1 024.3 mPa·s,渤 21 块的渤 21-4-12 井为 1 451.2 mPa·s,中二北块的中 23-更斜 535 井为 5 792.9 mPa·s。实验得剪切速率与剪切应力关系表明,油越稠,达到相同剪切速率所需的剪切应力越大(图 3-1-8)。

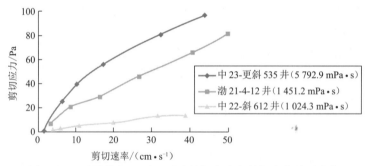

图 3-1-8　不同黏度(50 ℃)原油剪切应力与剪切速率关系曲线

2) 压力梯度相同,油越稠渗流速度越低

通过渗流速度与压力梯度的关系曲线(图 3-1-9)可以看出,随压力梯度的增加,渗流速度增加,呈凹向渗流速度轴的曲线关系;压力梯度相同时,油越稠渗流速度越低;当压力梯度达到某一数值以后,渗流速度与压力梯度逐渐呈不过坐标原点的线性关系。

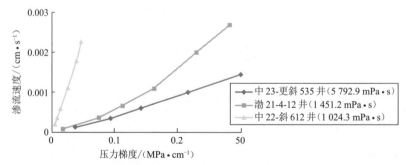

图 3-1-9　不同黏度(50 ℃)原油渗流速度与压力梯度关系曲线

3) 常温条件下稠油渗流具有启动压力梯度

根据渗流速度与启动压力关系曲线,可求取启动压力梯度。实验表明,原油在多孔介质中的流度越小,启动压力梯度越大(图 3-1-10)。

4) 稠油水驱驱油效率低

根据孤岛油田 4 口稠油油井 50 ℃ 条件下的驱油效率实验资料可知,注入孔隙体积倍数不超过 7 便达到了水驱油实验的终结条件;除原油流度较大的渤 21 块驱油效率达到 45% 外,孤岛中二北区、中二中区驱油效率低于 35%(图 3-1-11)。

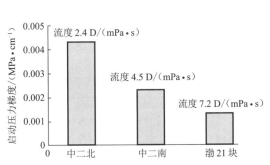

图 3-1-10 不同流度原油启动压力梯度柱状图
(1 D = 1 μm²)

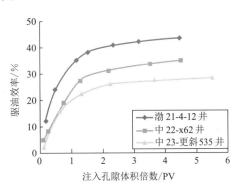

图 3-1-11 水驱驱油效率与注入孔隙体积倍数
关系曲线

5) 水驱波及系数小

实验表明,油水流度比(M)越大,指进越严重(图 3-1-12),波及系数也越低。胜利油区稠油在地层条件下的油水流度比为 100～500,远大于实验时的油水流度比 71.5,故孤岛油田河道砂稠油常规水驱开发效果较差,其水驱波及系数小于 50%,水驱采收率一般低于 30%。

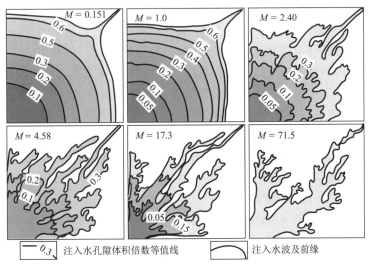

图 3-1-12 不同油水流度比条件下水驱油实验驱替前缘分布示意图

6) 注水开发后原油黏度增加

随着水驱的进行,采出油轻组分含量高于剩余油,而剩余油中胶质、沥青质含量比采出油高,因此随水驱采出油量的增加,地下剩余油的黏度也不断增加。胜利油田多个稠油区块的实际原油分析化验资料也证实了这一结论。例如胜利油田水驱普通稠油油井 S328-2,1999 年 4 月测得其原油黏度为 1 780 mPa·s,随水驱进行其原油黏度不断上升,2011 年 5

月其黏度上升到 4 188 mPa·s,是原来的 2 倍多(图 3-1-13)。

　　7)普通稠油油藏水驱采收率低

　　统计胜利油田多个区块原油黏度与水驱采收率发现,区块水驱采收率随地下原油黏度的增大呈指数下降(图 3-1-14),原油地层黏度大于 100 mPa·s 后,其采收率小于 20%。

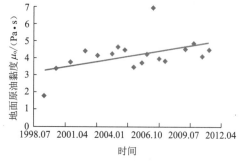

图 3-1-13　S328-2 井原油黏度随时间变化

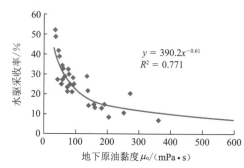

图 3-1-14　胜利油田水驱采收率与原油黏度关系曲线

三、营 13 东二段稠油油藏水驱油特征

1. 注入水指进推进,无水采油期短,采出程度低

　　无水采油期短和无水采收率低主要是由原油黏度高、地下油水黏度比大和油层非均质性严重造成的。油水两相渗流理论表明,水驱高黏度原油,原油的黏度比水的黏度大很多,油水流度比大,在多孔介质中利用水驱高黏度的原油时注入水呈分散的液束渗流,导致注入水的指进。

　　稠油油藏水驱开采时,由于黏滞阻力大,驱替前缘含水饱和度低,当注入的水量或注入水的孔隙体积倍数相同时,油水前缘推进速度快,推进距离远。在非均质油藏中,受油层几何形态突变性、层内岩性物性变化及夹层发育程度的影响,注入水总是沿渗透性最好的较大孔道推进,也会出现一个宏观的非均匀驱替前缘。稠油微观的黏性指进现象和非均质油藏的宏观非均匀驱替前缘都将加剧注入水在实际油层中的选择性推进和选择性水淹。

　　稠油油藏水驱开采过程中的这种注入水的选择推进,即注入水窜流现象,首先反映在油田无水期开采效果上,导致无水采油期短,无水采收率低。国内外水驱油机理研究、室内物理及数值模拟和矿场实际动态资料表明,注入水选择性推进、无水采油期短、无水采收率低是稠油油田水驱开采的普遍规律。

　　营 13 东二段开采初期,地层能量充足,各小层都有一定的水体,边底水范围大,导致该块油井投产后就含水,油田无无水采油期,而且油井含水率上升快。在天然能量开采阶段(1979.05—1986.12),采出程度 0.7%,含水率 64.5%;在注水开发阶段(1987.01—1994.12),由于受边底水影响,部分井区含水率达 90%以上,阶段采出程度 1.4%,平均含水率 84.8%。

2. 油井见水后迅速水淹,储量动用程度小

　　当油井见水后,迅速水淹的大孔道便成为注水井与采油井之间的水流通道。对亲油岩层来说,水沿着这种通道的中央流动,使水相渗透率迅速上升,而油附着在岩石表面,在孔道

边缘流动,油相渗透率迅速下降,因此含水上升速度很快。稠油在中低含水期的含水率几乎呈直线上升,一直到高含水期才慢下来。理论研究表明,当油水黏度比大于 50 时,中含水期理论计算含水上升速度约为 6%～10%。

3. 高含水期含水上升速度变缓,是稠油开采的主要阶段

水淹后,大孔道由于阻力最小,只要有一定的注采压差就能形成较大的渗流速度。采用较大的渗流速度冲击和洗刷大孔道壁上的吸附层,可以改善岩石表面的润湿性,加速中等孔道的水驱过程。另外,大孔道中压力传导速度快,压差大,实际上构成了分割包围中低孔道岩块的新的注水线。一方面,对被分割的岩块各个油层来说均质的多;另一方面,这无数条注水线比起一个注水井点来说压力梯度要均匀得多。所以水窜现象大为削弱,波及程度相对增加,油相渗透率下降和水相渗透率上升速度开始减慢,含水上升速度变缓。这就为高含水期采出大量原油创造了良好的流动条件,而地下大量的剩余储量为高含水期采油提供了物质基础。

由营 13 东二段含水率和采出程度曲线(图 3-1-15)可以看出,中低含水期含水上升率大(20%～60%),含水上升快,阶段采出程度低,不到 10%;中高含水期(60%～90%)含水变化缓慢,采出程度增加幅度仍然不大;到高含水期(90%)后,含水上升率进一步降低,但该阶段的采出程度由中高含水时期的 16.5% 上升到 37.7%,大量的稠油被采出地面,这是注水开发稠油油藏开采原油的主要阶段。

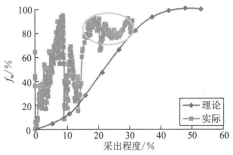

图 3-1-15　营 13 东二段含水率与
采出程度关系曲线

4. 水驱效率低,最终开发效果差

稠油水驱效率低主要有两个原因:一是稠油水驱前缘稳定性差,黏性指进和宏观前缘非均匀推进均会留下许多注入水波及不到的死孔隙;二是在注入水波及范围内,大孔道内也并非沿着整个断面推进,一部分油虽然被水驱替,但也会分散在孔道内,以非连续相态残留于地下水淹区。原油越稠,上述两种现象越严重,整个驱油效率也就越低,开发效果越差。

第二节　稠油油藏水驱转热采可行性研究

普通稠油油藏经过多年的注水开发,原油黏度越来越高,剩余油在平面上和纵向上分布高度分散,油水关系更加复杂,而继续注水开发已经无法提高原油采收率,非常有必要转为注蒸汽热采开发方式。

一、稠油油藏水驱转热采现状

下面通过对国内外普通稠油油藏水驱后转热采的现状分析,论述普通稠油油藏水驱转热采的可行性。

1. 国外水驱油转热采现状

20 世纪 60 年代以来,国外许多油田开展了注水后期转热采的试验和研究,取得了较好的效果。

美国加州威明顿油田油藏埋深为 778 m,孔隙度为 30%,渗透率为 $1\ 500 \times 10^{-3}\ \mu m^2$,原油黏度为 280 mPa·s,含油饱和度为 76%,利用天然能量和注水开采的采收率为 25%,转蒸汽吞吐和蒸汽驱取得了良好的效果,热采阶段采出程度提高了 30.8%。

美国 Elk-Hills 油田原油黏度为 17 mPa·s,属于稀油油藏,油藏埋深为 860 m,孔隙度为 30.6%,渗透率为 $1\ 000 \times 10^{-3}\ \mu m^2$,含油饱和度为 76%,利用天然能量和注水开采的采收率只有 16%,转热采后采出程度提高到 30%。

美国克恩河油田油藏埋深为 260 m,油层有效厚度为 48.8 m,孔隙度为 20.5%,渗透率为 $140 \times 10^{-3}\ \mu m^2$,原油黏度仅为 6 mPa·s,1973 年由水驱转注蒸汽开发,产油量从 1.9 t/d 上升到 36.6 t/d,5 年内累积产油量为 36 700 t,平均单井产油量达 16 t/d,油汽比大于 0.25 t/t。

法国上拉克油田油藏埋深为 600～700 m,孔隙度为 20%,原油黏度为 17.5 mPa·s,属于灰岩油藏,裂缝发育差,渗透率仅为 $1 \times 10^{-3}\ \mu m^2$。注蒸汽 3 个月后增油效果明显,表明注蒸汽采油对于低渗透油藏也有明显的效果。

苏联济布扎深谷油田油藏埋深为 200～900 m,属洪积相沉积,含油岩性为角砾岩,孔隙度为 17%～36%,渗透率为 $50 \times 10^{-3} \sim 300 \times 10^{-3}\ \mu m^2$,原油黏度为 1 000 mPa·s。该油田注水开发 18 年,虽经酸化、压裂、堵漏等措施,但采收率只有 10%,转注蒸汽开发后,采收率提高到 40%～50%,油汽比达 0.48 t/t,取得了极好的开发效果。

2. 国内水驱转热采现状

我国开展过稠油油藏水驱转热采的油田有新疆克拉玛依油田六东区和六中区、大庆油田萨北过渡带和朝阳沟及胜利油区的孤岛油田等(表 3-2-1),均取得了较好的效果。

表 3-2-1 我国水驱油藏注蒸汽应用实例

试验油区	孔隙度 /%	渗透率 /($10^{-3}\ \mu m^2$)	油藏埋深 /m	地层原油黏度 /(mPa·s)	水驱平均产油量 /(t·d^{-1})	热采平均产油量 /(t·d^{-1})	水驱采出程度 /%	热采采出程度 /%	油汽比 /(t·t^{-1})
克拉玛依油田六东区	18.5	524	480	800	1.6	4.8	6.7	13.5	0.447 (平均)
克拉玛依油田六中区	20.4	503	415	206.5	2	5.44	22.73	28.36	0.59 (累积)
萨北过渡带北 2-5-丙 116 井	24	400～800	1 182～1 203	20	14	28			2.0 (累积)
大庆朝阳沟 142-69 井	16	5	1 080～1 100	40	1.9	3.9	12		0.58 (平均)
孤岛油田渤 21 块	32	200～950	1 250	2 000	2.8	7.3	13.4	26	1.7 (累积)

克拉玛依油田六中区水驱阶段的采出程度为22.73%,综合含水率达81%,长期注水导致油层的非均质性十分严重。采用井距为85～175 m的不规则反五点井组进行注蒸汽吞吐试验,4个周期累积产油量为19 634 t,油汽比最高达0.59;蒸汽驱阶段累积增产原油1 780 t,转热采后采收率提高了5.63%,并且采用间歇注汽的方式,减少了汽窜的发生,提高了蒸汽的利用率。

胜利油区孤岛油田渤21块油藏埋深为1 250 m,油层有效厚度为12.7 m,50 ℃时原油黏度为2 000 mPa·s。1975年投入开发,1978年开始注水,到1994年累积产油量为10 261×10^4 t,采出程度仅为13.4%,综合含水率高达93%。1996年改蒸汽吞吐,累积油汽比为1.7 t/t,最高油汽比达2.3 t/t,是胜利油区热采稠油油藏平均油汽比的4倍,综合含水率降为74.5%。

二、稠油油藏水驱转热采可行性

1. 稠油油藏热采提高采收率机理研究

1)稠油油藏热采提高采收率机理

据研究分析,水驱后转注蒸汽提高采收率的机理主要有以下四个方面:

(1)稠油加热降黏。

稠油的胶质、沥青质含量高,一般在25%～50%之间,且随着胶质、沥青含量的增加,稠油的密度、黏度也增加。高黏度、高密度是稠油最主要的特点。稠油轻质馏分含量低,一般约为10%。

稠油油藏实行注水开发后原油黏度会增加,注入蒸汽后温度升高,碳氢化合物分子的活性增加,原油黏度降低,原油流度增加,从而可以改善原油的流动性能。加热降黏是注蒸汽热力采油的主要机理,随着蒸汽注入油藏,油层温度升高,稠油和水的黏度都在降低,但稠油黏度下降幅度要大得多,因此油水流度比大大降低,驱油效率和波及系数都能够得到改善。

原油黏度在低温范围内变化大,而在高温范围内变化很小,这一温度段称为敏感温度段,随着温度的上升,黏度急剧下降。国际上用ASTM(美国材料试验学会)标准作黏度-温度图(图3-2-1),不论哪个油田黏温曲线均呈斜直浅,且其斜率几乎一样,这是稠油对温度敏感的一致性规律。

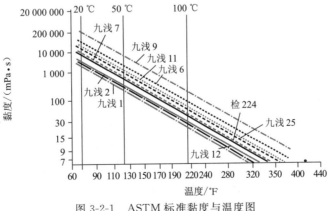

图3-2-1　ASTM标准黏度与温度图

$$\left[n \ °F = (n-32) \times \frac{5}{9} \ ℃\right]$$

（2）稠油蒸汽蒸馏、热裂解和混相驱作用。

在注蒸汽过程中,原油和水的汽化压力随温度升高而升高,当油和水的汽化压力等于油层当前压力时,原油中的轻质组分汽化为气相,产生蒸馏作用。蒸馏作用引起混合液沸腾,产生的扰动效应能使死孔隙中的原油向连通孔隙中转移,从而提高驱油效率。

蒸馏效应主要取决于原油的性质,通常情况下,原油相对密度越小,可蒸馏组分就越大,原油中的可蒸馏组分含量可表示为:

$$y = 0.98 + 2.19 \times \left(\frac{141.5}{\gamma_o} - 131.5 \right) - 1.09 W_a \tag{3-2-1}$$

式中　　y——可蒸馏组分含量,%;

　　　　γ_o——原油相对密度,小数;

　　　　W_a——原油中蜡的质量分数,%。

同时,蒸馏效应还与系统的压力有关,系统的压力越低,蒸馏效果越明显。蒸汽吞吐作为一种脉冲式开采方式,注汽过程是非连续的,加上注汽过程中压力较大,因此蒸馏作用相对较小,蒸汽蒸馏多发生在蒸汽驱过程中。

高温蒸汽对稠油的重组分有热裂解作用,即产生相对分子质量较小的烃类。从稠油中蒸馏出的烃馏分和热裂解产生的轻烃将进入岩石盲端孔隙中的轻质组分转移到连通孔隙中,产生自掺稀降黏作用;进入热水前沿温度较低的地带时又重新冷凝并与油层中的原始油混合而将其稀释,降低了原始油的密度和黏度,在驱替前缘产生溶剂驱,形成对原始油的混相驱。

（3）稠油油藏相对渗透率变化。

注入蒸汽后,砂粒表面的沥青胶质性油膜被破坏,润湿性改变,油层由原来的亲油或强亲油变为亲水或强亲水。随温度升高,束缚水饱和度增加。岩石湿润性向亲水方向变化(图 3-2-2),油相渗透率增加,油相阻力降低,残余油饱和度降低,采收率增加。这是因为在油藏原始条件下,稠油中的胶质、沥青质等极性分子吸附在油水界面和岩石表面上,岩石趋于亲油状态;随温度升高,极性物质逐渐解吸,岩石亲水性增加,更多的水膜吸附在孔隙上或占据较小的孔道,毛细管渗吸作用将盲端孔隙中的

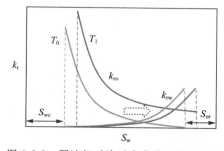

图 3-2-2　稠油相对渗透率曲线变化示意图

原油"剥蚀"下来,并驱出小孔隙。

在同样的含水饱和度条件下,油相渗透率增加,水相渗透率降低,束缚水饱和度增加。模拟实验证明,对原油黏度为 2 000 mPa·s 的油藏,注入 0.5 倍孔隙体积的 250 ℃蒸汽后,含油饱和度可由 65.5%下降到 18.1%,驱油效率达 72.2%。

（4）稠油热膨胀作用。

当高温蒸汽注入油层后,加热后的原油发生膨胀,原油中如果存在少量的溶解气也将从原油中逸出,产生溶解气驱的作用。同时,油藏中的流体和岩石骨架产生热膨胀作用,孔隙体积缩小,流体体积增大,维持原油生产的弹性能量增加。热胀弹性能是一种相当可观的能量,与压缩弹性能量相比,热膨胀弹性能量要大得多。

原油的热膨胀程度主要取决于原油的组分组成。通常情况下,轻质原油的热膨胀系数大于重质原油。

（5）稠油乳化作用。

蒸汽驱过程中，蒸汽腔内的蒸汽流速和比热容较大，同时蒸汽前沿的蒸馏馏分凝析后释放热量，产生扰动，与水发生乳化作用，形成水包油或油包水乳状液，这种乳状液的黏度比水高得多。在非均质储层中，这种高黏度的乳状液会降低蒸汽和热水的指进，提高驱油的波及体积。

（6）蒸汽（热水）动力驱油作用。

湿蒸汽注入油层，既补充了油层热量和能量，又对油层有一定的冲刷驱替作用。特别是高温蒸汽分子与液态水分子相比具有更高的能量，可以进入热水驱液态水分子驱替不到的微喉道和微孔隙中。加之高干度蒸汽的比热容大，注入油层后波及体积大。因此，高温高干度水蒸汽的驱油效率远高于冷水驱和热水驱。

（7）稠油溶解气驱作用。

原油溶解天然气的能力随温度的升高而降低，注入蒸汽后，油层和原油被加热，溶解气从原油中脱出，脱出的溶解气体积膨胀成为驱油的动力之一。这在蒸汽驱过程中更为突出。

（8）稠油重力泄油作用。

由于汽液密度差异，在注蒸汽过程中会形成超覆现象，油层纵向受热不均，但油藏的表观受热面积增加，油层的非驱替部分由于导热作用而被加热，受热原油在重力作用下流到井底。重力泄油作用主要发生在单层厚度较大的稠油油藏中。

2）高温渗流特征

常温下稠油渗流不符合达西定律，当油藏温度升高后，稠油黏度降低，可能转化为牛顿流体。

由不同温度相对渗透率曲线（图 3-2-3）可以看出，系统温度升高时，油水黏度比降低，相对渗透率曲线右移；随着温度升高，残余油饱和度降低，束缚水饱和度升高；不管温度怎么变化，变化前后曲线相互平行。

由单家寺稠油油藏不同温度下油水相渗曲线（图 3-2-4）可以看出，随着含水饱和度的增加，油的相对渗透率下降很快，而水的相对渗透率抬升缓慢。对于不同温度下的相渗曲线，随着原油黏度的降低，油相的渗透率在适当的范围内上升较大，而水相的相对渗透率变化不大，或基本不变。

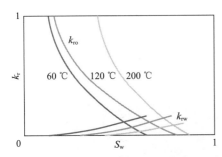

图 3-2-3　不同温度下稠油相对渗透率曲线

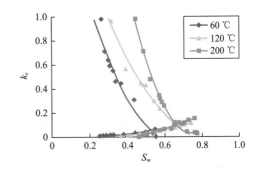

图 3-2-4　单家寺稠油油藏不同温度下油水相渗曲线

对于亲水储层，水主要占据孔隙的表面，而原油占据孔道的中央，当原油的黏度降低时，在相同的驱替压力下油首先流动且占据主要空间，因而没有足够的通道供水流动，水的渗透率变化不大。

随着温度的降低，油相的流动变得愈加困难。这主要是因为随着温度的降低，超稠油的黏度急剧增大,超稠油的启动压力梯度迅速增大,在较高温度下参加流动的一部分原油在温度降低时不再流动。表 3-2-2 为不同驱替系统中温度对束缚水和残余油的影响。由表中可以看出,热力开采时油层岩石表面的亲水程度增加,残余油饱和度降低,束缚水饱和度增加,有利于提高原油采收率。

表 3-2-2   不同驱替系统温度对束缚水和残余油的影响

油 田	参 数	油-水驱替系统			油-汽驱替系统		
		60 ℃	120 ℃	200 ℃	60 ℃	120 ℃	200 ℃
单家寺	S_{wc}	—	0.365	0.415	—	0.351	0.395
	S_{or}	—	0.291	0.211	—	0.276	0.194
高 升	S_{wc}	0.192	0.264	0.324	0.208	0.277	0.366
	S_{or}	0.548	0.298	0.236	0.511	0.268	0.131
曙 光	S_{wc}	0.256	0.312	0.467	—	—	0.571
	S_{or}	0.447	0.260	0.230			0.172

由此可见,温度是影响稠油采收率的关键因素,温度越高,启动压力越低,参加流动的孔隙和原油越多,相应的采收率就越高。因此,在稠油油藏开发时应当尽量提高油藏温度。

2. 稠油油藏注蒸汽热采特征

热力采油常用的方式为注蒸汽热力采油技术,根据注入蒸汽加热油藏的方式和能量来源不同分为蒸汽吞吐和蒸汽驱。不同开采方式具有不同的开采特征。

1)蒸汽吞吐特征

蒸汽吞吐是向生产井中注入一定数量的蒸汽,停注后关井数天使蒸汽凝结,浸泡油层使热量扩散,然后开井生产,待产量减至一定限度时,重复上述过程,因此蒸汽吞吐又被称为循环注蒸汽、蒸汽浸泡或蒸汽激励(图 3-2-5)。

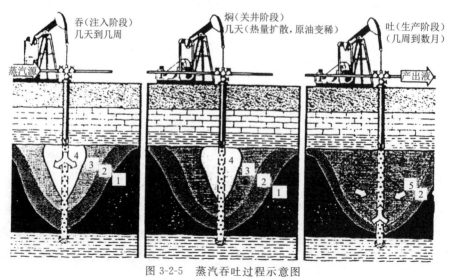

图 3-2-5   蒸汽吞吐过程示意图
1—冷原油;2—加热带;3—蒸汽凝结带;4—蒸汽带;5—流动原油与蒸汽凝结水

典型的蒸汽吞吐井在一个周期内的生产规律表现为"四段式"特征,即排水期(Ⅰ)、高产期(Ⅱ)、递减期(Ⅲ)和低产期(Ⅳ)(图3-2-6)。对于同一吞吐周期,油藏地质条件、注采参数和驱动条件的变化会使"四段式"的形态发生变化,各阶段的时间长度、峰值产量存在差异。

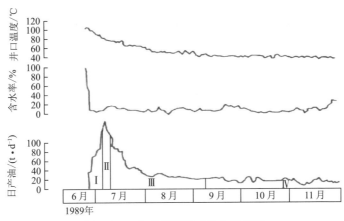

图 3-2-6　典型蒸汽吞吐井生产规律

(1)排水期。

排水期主要是回采高温凝析水,生产井具有井口温度高、含水率高,但下降快的特点。油藏受热区温度较高,供液能力强,日产油量上升较快。通常情况下,排水期持续时间随吞吐周期的增加而延长。

(2)高产期。

单井经过排水期后,受热区仍能保持较高的温度,油层具有较强的供液能力,此时出现油井产量高、井口温度高等特点。维持高产的时间受油藏条件和注采操作参数影响,高产期的峰值随周期的增加而逐渐降低。

(3)递减期。

随着生产时间的延长,油层压力降低,同时顶底盖层的热损失和产液携热使得受热区温度逐渐降低,油井在降温和降压的双重影响下表现为油层供液能力减小,动液面下降,产量持续递减。由于油井含水率较低,产液所携带的热量相对较小,同时注入油层的热量经过较长时间的平衡交换,顶底盖层的热损失所占比例减小,因此井口流温变化不大。

(4)低产期。

低产期处于一个周期的后期,油层压力降低,供液能力处于最低阶段,油井由于产量低,携热量小,低速流动时井筒的热损失速率增加,致使井筒内原油黏度增加,流动阻力增大,造成抽汲设备超负荷或出现卡、断、脱事故而停产。低产期的极限产量要求与原油的流变性有关,流变性越好,低产期的极限产量越低,持续时间越长。

对于多吞吐周期,由于油层的受热范围变化不大,油井生产动态将受到油藏压力逐渐降低和井底含水饱和度升高的影响,随着吞吐轮次的增加,吞吐效果逐次变差,生产动态呈现明显的周期性,但吞吐井"四段式"的基本动态规律具有普遍性。

一般蒸汽吞吐周期可达6~10次,每个周期的采油期由几个月到一年左右,每个周期内的产量变化幅度较大,有初期的峰值期,有递减期,周期产量呈指数递减规律(图3-2-7)。峰值期是主要产油期,由于是逐周期消耗油层能量,油井及整个油藏的产油量必然逐次递减,这是主要的生产规律。

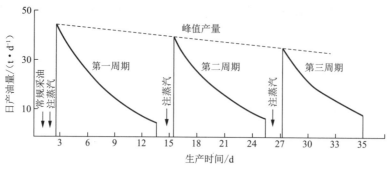

图 3-2-7　蒸汽吞吐周期生产动态示意图

一般而言,蒸汽吞吐多周期可划分为 3 个小阶段:

(1)吞吐生产初期(1～3 周期)。此时产液量增加,地下亏空增加,地层压力降低,综合含水率低于 30%。

(2)吞吐生产中期(4～5 周期)。此时产液量最大,地下亏空最大,综合含水率 30%～60%,地层压力最低,处于吞吐到汽驱转换方式的最佳时机。

(3)吞吐生产末期(6～8 周期)。此时产液量减少,地下存水增加,地层亏空减少,甚至不亏空,地层压力由最低开始回升,此时单井日产很低,综合含水率大幅度上升,最高可达80%以上,部分井由于汽窜甚至可能 100%含水。

一般而言,由于蒸汽吞吐阶段加热的油藏体积有限,波及系数不高,其采收率不会高于 30%。

2)蒸汽驱特征

蒸汽驱是按照一定的布井方式,在注汽井连续注入蒸汽,将地下原油加热并驱到生产井的开采方式(图 3-2-8)。

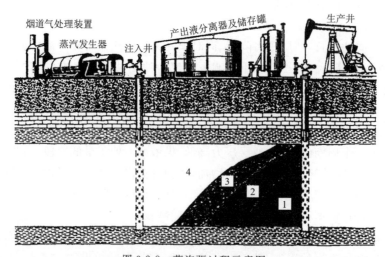

图 3-2-8　蒸汽驱过程示意图

1—原始油带;2—热油带;3—热水带;4—蒸汽和冷凝水带

随着蒸汽的连续注入,井筒周围形成饱和蒸汽带并不断扩展。由于地层横向传热,饱和蒸汽带的前缘出现凝析,蒸汽区的下游出现热流体区。由于原油黏度随温度变化是可逆的,在蒸汽驱动作用下的受热原油由高温区进入低温区,原油黏度回升,导致原油在受热区的下游大量聚集,形成原油富集区。蒸汽突破前,生产具有高采油速度和低水油比的特征。在蒸汽驱油层流动的分布模式(图3-2-9)中,各区的界面是倾斜的。在正常注蒸汽过程的注采过程中,某一区可能不存在,但各区的基本顺序不会改变。

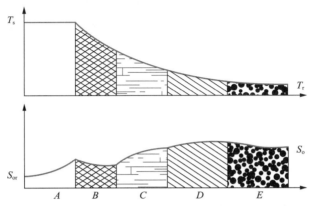

图 3-2-9　蒸汽驱油层流体饱和度和温度分布示意图

T_r—油藏温度;T_s—蒸汽温度;S_{or}—残余油饱和度;S_o—含油饱和度;

A—蒸汽带;B—溶剂带;C—热水带;D—油带(冷凝析带);E—油藏流体带

蒸汽驱是稠油油藏提高采收率的主要手段,注入的蒸汽既是加热油层的能源,又是驱替原油的介质,典型的蒸汽驱可以划分为 4 个小的阶段(图3-2-10)。

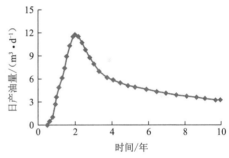

图 3-2-10　典型蒸汽驱生产示意图

(1)蒸汽驱初期升压阶段。此阶段由于吞吐期间地层亏空,油层压力低,注入蒸汽一方面为油层连续提供热量,更主要的是向地层补充能量,提高地层压力。由于油层部分压力上升,驱动压差增大,使得井筒附近液体向油井渗流。因此,该阶段表现为压力上升很快,含水率大幅度上升,最高可达 95% 以上,液量上升不大,产油量低,是热采生产的低谷期,延续时间为半年到一年,生产方式主要以热水驱加部分蒸汽驱为主。

(2)蒸汽驱中期稳压阶段。此阶段由于注入大量高温高压蒸汽,注汽井周围油层温度大幅度上升,地层压力也上升到接近注入压力,并由此导致注汽井与采油井间的驱替压力梯度增大,加上吞吐期间的预热油藏作用,使得吞吐期间波及不够或未波及的井间区域开始受到蒸汽驱的作用,采油井产油量开始上升并逐渐达到峰值,地层压力上升到一定值后保持稳定。此阶段延续时间为半年到两年,生产方式以蒸汽驱为主。

(3)蒸汽驱后期突破窜进阶段。此阶段主要表现为压力达到一定值后发生蒸汽突破,此时产液量迅速上升,产油量迅速降低,综合含水率可高达 98%。此阶段的出现标志着蒸汽驱已接近晚期,当然也有因蒸汽推进不均匀而发生窜进,致使采油井水淹的情况,这时就需要进行调整。此阶段延续时间极短,一般为 1～2 个月,表现为热水窜进。

(4)蒸汽驱调整增产阶段。此阶段是在出现大量水窜的情况下进行的,此时可采取注汽井间注、采油井连续生产或降低注汽强度、关闭高含水井、封堵汽窜层、投球选注、分层注汽等调整措施,以使蒸汽驱产量维持在蒸汽驱中期的水平。本阶段持续时间一般为 1～2

年,其驱替方式以蒸汽驱为主体。

从注蒸汽方式上看,虽然蒸汽吞吐上产快,工艺相对比较简单,但蒸汽吞吐采收率低(一般为 10%~20%),收益少;蒸汽驱采收率高(一般为 30%~50%),收益多,所以蒸汽吞吐逐步为蒸汽驱所取代。蒸汽吞吐不能增加采收率,即吞吐期间的产油量在汽驱过程中完全可采出,吞吐期过长只能降低总效益,所以注蒸汽工艺发展到目前一般不再像注蒸汽早期那样把吞吐生产作为一个重要阶段,而只是把它作为汽驱过程中的一个重要辅助措施,从 20 世纪 70 年代起蒸汽驱项目和产量已超过吞吐项目和产量;只有在油藏压力过高,汽驱前需要卸压,或原油黏度过大,需要预热形成流动连通时,才把吞吐作为一个独立的开发阶段。

3. 营 13 水驱转热采可行性研究

1)普通稠油油藏转注蒸汽热采可行性

从资料调研情况来看,采用注蒸汽热采开发方式接替水驱开采稠油油藏,采收率一般可达 50% 以上。

(1)稠油加热后渗流速度大幅增加。

从中 23-更斜 535 井原油渗流速度与压力梯度关系曲线(图 3-2-11)可以看出,随着温度的升高,渗流速度与压力梯度的关系曲线倾角增大。这表明在同一岩心中,不同温度时破坏原油结构所需的压力梯度不同,高温时所需的压力梯度比低温时要小得多,说明高温时原油的结构易于破坏,因此高温时增加较小的压力梯度就能获得较大的渗流速度。温度越高,渗流速度与压力梯度的关系曲线越接近于直线,表明其越接近于牛顿流体。

(2)稠油加热后启动压力梯度减小。

从岩心实验结果(图 3-2-12)可以看出,温度较低时稠油为非牛顿流体,渗流时存在一定的启动压力梯度;启动压力梯度与温度密切相关,随着温度的升高而降低。

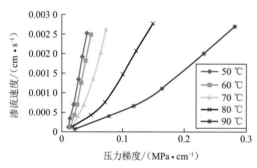
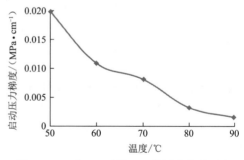

图 3-2-11 中 23-更斜 535 井原油渗流速度与
压力梯度关系曲线

图 3-2-12 中 23-更斜 535 井原油启动压力
梯度随温度变化曲线

(3)加热有利于改善稠油的油水相对渗透率。

从渤 106 井岩心(Ng_6)在不同温度条件下的油水相对渗透率曲线(图 3-2-13)可以看出:① 含水饱和度相同时,油相相对渗透率(k_{ro})随温度的升高而增加,水相相对渗透率(k_{rw})随温度的升高而降低,油水相对渗透率比值(k_{ro}/k_{rw})随温度的升高而增大;② 随着温度的升高,束缚水饱和度增加,岩心表面更趋向于亲水,整个曲线向右移动,束缚水饱和度由 18% 上升到 38%;③ 随着温度的升高,由于岩石颗粒的热膨胀及束缚水饱和度的增加,残余油饱和度降低,由 32% 下降到不足 10%。

（4）高温驱油效率大幅增长。

热采可大幅度提高驱油效率，降低油水黏度比，提高波及系数，从而大幅度提高采收率。孤岛油田中二北中23-更斜535井热水驱和蒸汽驱的驱油效率实验（图3-2-14）表明，温度对驱油效率有明显的影响，驱油效率随着温度的升高而提高，蒸汽驱的驱油效率远高于热水驱。

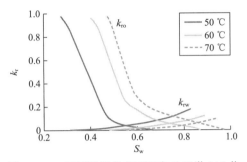

图 3-2-13　不同温度条件下孤岛油田渤 106 井
油水相对渗透率变化曲线

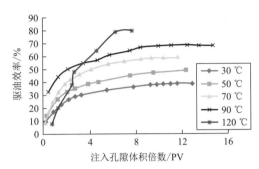

图 3-2-14　中 23-更斜 535 井原油
驱油效率实验曲线

2）营 13 水驱转热采可行性

结合稠油油藏筛选标准，对营 13 水驱转热采可行性进行分析。稠油油藏水驱转热采的筛选标准主要考虑：

（1）油层要有足够的储量。不仅要有一定的面积、有效厚度和储量丰度，而且孔隙度、原始含油饱和度也要大于某一数值。

（2）油层条件要有一定的流度，即油层绝对渗透率要大于某一数值，地层油黏度要小于某一数值。

（3）尽量减少热损失，即油层深度要小于某一数值，油层有效厚度要大于某一数值，有效厚度与总厚度之比要大于某一数值。

（4）没有强烈的边底水和气顶作用，以减少热量的损失。

（5）油层中没有明显的裂缝存在，以减少蒸汽的气窜。

我国稠油油藏适宜于蒸汽吞吐的筛选标准见表 3-2-3，适宜于蒸汽驱的筛选标准见表 3-2-4 和表 3-2-5。

表 3-2-3　我国稠油蒸汽吞吐筛选标准

油藏地质参数	一　　等		二　　等		
	1	2	3	4	5
原油黏度/(mPa·s)	50*~10 000	< 50 000	< 100 000	< 10 000	< 10 000
相对密度	> 0.920 0	> 0.950 0	> 0.980 0	> 0.920 0	> 0.920 0
油层深度/m	150~1 600	< 1 000	< 500	1 600~1 800	< 500
油层纯厚度/m	> 10	> 10	> 10	> 10	5~10
纯厚/总厚	> 0.4	> 0.4	> 0.4	> 0.4	> 0.4
孔隙度 ϕ	≥ 0.20	≥ 0.20	≥ 0.20	≥ 0.20	≥ 0.20
原始含油饱和度 S_{oi}	≥ 0.50	≥ 0.50	≥ 0.50	≥ 0.50	≥ 0.50

油藏地质参数	一 等		二 等		
	1	2	3	4	5
$\phi \cdot S_o$	≥ 1.0	≥ 0.10	≥ 0.10	≥ 0.10	≥ 0.10
储量系数/(10^4 t·km^{-2}·m^{-1})	≥ 10	≥ 10	≥ 10	≥ 10	≥ 7
渗透率/(10^{-3} μm)	≥ 200	≥ 200	≥ 200	≥ 200	≥ 200

注：*指油层条件下的原油黏度，其余指脱气油黏度。

表 3-2-4 我国稠油蒸汽驱筛选标准

油藏地质参数	一等（靠现有技术）	二等（近期技术改进）	三等（待技术发展）	四等（不适于注蒸汽开采）
原油黏度（油层）/(mPa·s)	50* ~ 10 000	< 50 000	< 50 000	
相对密度	> 0.920 0	> 0.950 0	> 0.980 0	
油层深度/m	> 50 ≤ 1 400	> 50 ≤ 1 600	≤ 1 800	
油层纯厚度/m	≥ 10	≥ 10	≥ 10	< 5.0
纯厚/总厚	≥ 0.50	≥ 0.50	≥ 0.50	< 0.50
孔隙度 ϕ	≥ 0.20	≥ 0.20	≥ 0.20	< 0.20
原始含油饱和度 S_{oi}	> 0.50	> 0.50	> 0.40	< 0.40
$\phi \cdot S_{oi}$	≥ 0.10	≥ 0.10	≥ 0.08	< 0.08
储量系数/(10^4 t·km^{-2}·m^{-1})	> 10.0	> 10.0	> 7.0	< 7.0
渗透率/(10^{-3} $μm^2$)	≥ 200	≥ 200	≥ 200	< 200

注：*指油层条件下的黏度，其余指地面脱气油黏度。

（1）油藏条件满足蒸汽热采的筛选标准。

营 13 东二段油藏地层原油黏度 105 mPa·s，小于 3 000 mPa·s；地面密度 0.94 g/cm^3，大于 0.92 g/cm^3；油层埋深 1 460~1 700 m，大致属于小于 1 600 m 的范围；油层有效厚度 8.32 m，比较接近净油层厚度 10 m；油层平均渗透率 2 568×10^{-3} $μm^2$，大于 1 000×10^{-3} $μm^2$；平均孔隙度 31%，大于 14%；平均含油饱和度 56%，大于 50%。对比胜利油田蒸汽吞吐筛选标准（表 3-2-5），营 13 东二段断块油藏属于Ⅰ-1 类型的低黏度稠油油藏，适宜于注蒸汽开发。

表 3-2-5 胜利油田稠油油藏蒸汽吞吐筛选标准

类 别		Ⅰ类（现吞吐技术）					Ⅱ类（改进吞吐技术）			
亚 类		Ⅰ-1	Ⅰ-2	Ⅰ-3	Ⅰ-4	Ⅰ-5	Ⅱ-1	Ⅱ-2	Ⅱ-3	Ⅱ-4
油藏特点		低黏普通稠油	中低渗透普通稠油	薄层中渗普通稠油	厚深层普通稠油	高渗透特稠油	特低渗透普通稠油	薄层低渗普通稠油	高渗透特稠油	超稠油
原油	黏度/(mPa·s)	< 3 000	< 10 000	< 10 000	< 10 000	< 50 000	< 10 000	< 10 000	< 50 000	50 000~100 000
	密度/(g·cm^{-3})	≥ 0.92	≥ 0.92	≥ 0.92	≥ 0.92	≥ 0.95	≥ 0.92	≥ 0.92	≥ 0.95	≥ 0.98

续表

类　别	Ⅰ类(现吞吐技术)					Ⅱ类(改进吞吐技术)			
亚　类	Ⅰ-1	Ⅰ-2	Ⅰ-3	Ⅰ-4	Ⅰ-5	Ⅱ-1	Ⅱ-2	Ⅱ-3	Ⅱ-4
油藏特点	低黏普通稠油	中低渗透普通稠油	薄层中渗普通稠油	厚深层普通稠油	高渗透特稠油	特低渗透普通稠油	薄层低渗普通稠油	高渗透特稠油	超稠油
油层深度/m	< 1 600	< 1 000	< 1 200	< 1 600	< 1 000	< 1 000	< 1 200	< 1 200	< 1 000
厚度　净油层/m	> 10	> 10	> 5	> 20	> 10	> 20	> 5	> 10	> 20
厚度　净总比	> 0.4	> 0.4	> 0.5	> 0.5	> 0.5	> 0.5	> 0.5	> 0.5	> 0.5
渗透率/($10^{-3} \mu m^2$)	> 1 000	500~1 000	> 1 000	> 1 000	> 2 000	> 300	> 500	> 2 000	> 3 000
孔隙度 ϕ	> 0.28	> 0.26	> 0.28	> 0.28	> 0.3	> 0.25	> 0.26	> 0.3	> 0.3
原始含油饱和度 S_{oi}	> 0.5	> 0.45	> 0.45	> 0.45	> 0.5	> 0.5	> 0.5	> 0.5	> 0.5
$\phi \cdot S_o$	> 0.14	> 0.12	> 0.126	> 0.126	> 0.15	> 0.125	> 0.13	> 0.15	> 0.15
开发方式说明	可蒸汽或吞吐启动油层	吞　吐	吞　吐	吞　吐	吞　吐	吞　吐	吞　吐	吞　吐	吞　吐

（2）原油黏度相对较高,对温度敏感性强,热能适应性较强。

营 13 断块东二段断块油藏油稠,流度比高,注水效果不明显。地面原油密度 0.94 g/cm³,地面原油黏度 1 148 mPa·s,地下原油黏度 105 mPa·s,处于注蒸汽热采的边际。从原油黏温关系曲线(图 3-2-15)可以看出,该区块原油黏度随温度变化敏感程度较强,适合注蒸汽热采开发。

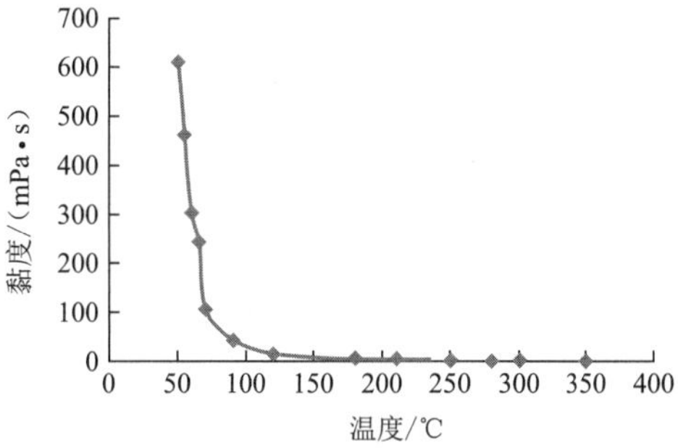

（3）水驱后油藏剩余油富集。

图 3-2-15　营 13 东二段原油黏温关系曲线

热采前营 13 断块东二段大部分油水井都集中在营 13 断块核部主体区域的高平台区,边部油水井较少,而内部的油水井几乎都是营 13 断块沙一、沙二段的上返井,没有固定的井网。加上受油层出砂及强边底水的影响,营 13 东二段油水井的井况较差,部分油水井都因套管损坏或高含水和供液不足等原因而频繁关井或报废,这些都导致该块井网的储量控制程度较低,大部分区域无井控制。在这些无井控制区,油藏的地质储量没能得到有效的开采,剩余油仍然非常丰富,它们都是营 13 断块东二段稠油油藏下一步开发调整的潜力区域。

从营 13 东二段主力层东二 2^{2-2} 小层拟合末期油藏的平面剩余油分布场(图 3-2-16)上可以清楚地看到,油水井间的非主流线上动用程度较差,井间油藏内仍滞留有大量的剩余油,这些区域具备下一步开发调整的潜力;在井网损坏区、构造微高区、断层遮挡区和外围小砂体内,储量动用程度低,油藏平面上仍富集有大量的剩余油,也可作为该块下一步开发调整考虑的区域。

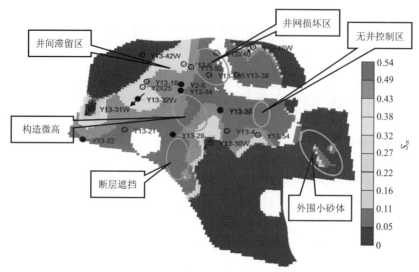

图 3-2-16　营 13 东二段东二 2^{2-2} 小层拟合末期油藏的平面剩余油分布场

从以上分析可以看出,营 13 东二段油藏具备注蒸汽热采的筛选标准,热采能力适应性强,并且具备热采开发调整的潜力。

3) 营 13 东二段油藏水平井热采可行性

(1) 水平井区域储量动用程度低,具备较好的物质基础。

东辛油田营 13 断块动用程度都很低,基本保持油藏原始状态,剩余地质储量丰富。设计的水平井大都位于纯油区,储量基本未动用,具有钻新井的丰厚的物质基础。

(2) 水平井开发薄层油藏存在较大优势。

水平井设计区平均有效厚度 3 m,与直井相比,水平井与油藏的接触面积大,可有效提高储量控制及动用程度,热利用率也比直井高,热损失比直井降低 30% 左右。对比热采筛选标准,营 13 东二段满足水平井蒸汽吞吐开发的要求。另外,数值模拟结果也表明,热采水平井可有效提高单井产能,采出程度较直井有较大幅度的提高。

(3) 水平井的生产压差小,可减缓边水推进、底水锥进,并可减少出砂对油井产能的影响。

目的层因埋藏浅、胶结疏松,生产过程中易出砂,而出砂与井眼周围的剪切应力大小有关,剪切应力正比于流速,水平井的流速远低于直井,因此可减缓边水推进、底水锥进,并减少出砂对油井产能的影响。

(4) 同类油藏水平井热采(蒸汽吞吐)取得了较好的开发效果。

与营 13 断块东二段砂体各项油藏地质参数基本相近的沾 18 块 Ng 下 1 砂体 2001 年开始采用直井常规开发,开发效果都不太理想,后通过方案研究于 2007 年前后实施水平井整体调整,调整前沾 18 块 Ng 下 1 砂体含水率达到 87.7%,采油速度仅为 0.29%,采收率 7.8%,调整后热采水平井初期日产油是直井的 5 倍,含水率下降为 64.7%,采油速度提高到 1.82%,预计累积采油量是直井的 4.7 倍,提高采收率 11.37%。

在营 13 东一段构造高部位,50 ℃ 条件下地面原油黏度 3 757~8 617 mPa·s,折算到地层条件下,原油黏度 335~1 050 mPa·s,为普通稠油油藏。于 2010 年完钻注蒸汽吞吐投产 4 口水平井,至 2011 年 4 月平均单井日产油能力为 8.3 t/d,为周围直井日产油量的

3.5 倍,且含水率比直井低 10%,开发效果较好。营 13-平 4 井位于营 13 块东一 3^2 砂体,于 2009 年 9 月 29 日—10 月 8 日累积注汽 1 802 t,注汽压力 13~15.5 MPa,注汽温度 320~344 ℃,注汽干度 70%~73%,注汽速率 8.5 t/h;于 2009 年 10 月 13 日顺利投产,初期平均日产油 16.1 t/d,峰值产量 22.8 t/d,是早期水平井的十几倍,取得了良好的生产效果。营 13 东一段的良好开发效果为邻层营 13 东二段水平井调整奠定了基础,可提供借鉴。

(5)营 13 东二段油藏水平井开发能取得更好的开发效果。

测算营 13 断块东二段地层条件下(地层温度为 70 ℃)的原油黏度为 105 mPa·s,处于注蒸汽热采的边际,可以选择常规和热采两种不同的开发方式。

数值模拟计算时,假设生产井直井 2 口,天然能量和蒸汽吞吐时采用行列式井网,注水开发时采用反五点法井网,井距 200 m×283 m,中心 1 口水井。

模拟计算结果(表 3-2-6)表明,注蒸汽吞吐的采出程度最高,且与弹性和注水开发相比,其经济效益最优。

表 3-2-6　营 13 断块不同开发方式指标表

开发方式	周　期	累计生产时间/d	累积注汽量/(10^4 t)	累积产油量/(10^4 t)	累积油汽比/(t·t^{-1})	采出程度/%	控制地质储量/(10^4 t)	冷采油量/(10^4 t)
弹　性	—	1 006		0.65		9.63	6.75	−0.11
蒸汽吞吐	8	1 662	1.6	1.21	0.75	17.87	6.75	0.33
注水开发	—	2 810	11.24	1.01	—	14.95	6.75	−0.23

数值模拟计算直井和水平井的开发效果(表 3-2-7),1 口水平井与 2 口直井相比,其累计生产时间、累积产油量、采出程度和净采油量都要高,因此推荐采用水平井进行调整。

表 3-2-7　营 13 断块不同开发井型指标表

井　别	周　期	累计生产时间/d	累积注汽量/(10^4 t)	累积产油量/(10^4 t)	累积油汽比/(t·t^{-1})	采出程度/%	控制地质储量/(10^4 t)	净采油量/(10^4 t)	井数/口
直　井	8	1 662	1.6	1.21	0.75	17.87	6.75	0.33	2
水平井	10	1 990	2	1.29	0.65	19.12	6.75	0.53	1

从以上分析可以看出,营 13 断块东二段油藏采用水平井注蒸汽热采的开发方式是切实可行的。

第三节　稠油油藏水驱转热采开发调整对策

针对营 13 东二断油藏低效水驱开发,有必要对其水驱转热采开发调整影响因素界限和开发调整对策进行分析,进一步对开发调整技术进行部署。

一、稠油油藏水驱转热采开发调整影响因素界限

稠油油藏水驱转注蒸汽开采是普通稠油油藏注水开发后提高采收率较为有效且技术上较成熟的方法。影响水驱转注蒸汽开发效果的因素包括油藏地质参数、注汽工艺参数及开

发经济技术参数。

1. 水驱转蒸汽开发油藏地质参数界限

水驱转蒸汽开采油藏地质参数界限是确定油藏注水后期转注蒸汽开采筛选标准的基础。下面就油层含油饱和度、孔隙度、油层厚度和渗透率等主要油藏参数对注蒸汽开发效果的影响进行研究。

1) 含油饱和度

数值模拟计算了注蒸汽开始时含油饱和度为 0.45,0.50,0.60,0.65 几种情况下的注蒸汽开发效果(图 3-3-1,表 3-3-1)。可以看出,随着注蒸汽时地层含油饱和度的增大,有效生产期变化不大,但累积油汽比大幅度上升,采收率增加,因此可以认为具有足够的地层含油饱和度是保证转注蒸汽开发成功的重要因素。当含油饱和度为 0.45 时,方案的累积油汽比为 0.15 m³/m³。因此,当含油饱和度小于 0.45 时,注蒸汽开发是不经济的。

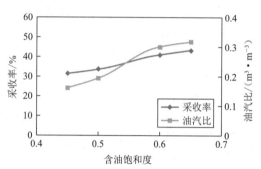

图 3-3-1　含油饱和度对注蒸汽开发效果的影响

表 3-3-1　含油饱和度对蒸汽驱开发效果的影响

含油饱和度	生产时间/d	累积油汽比/(m³·m⁻³)	采收率/%
0.45	2 302	0.15	36.17
0.50	2 472	0.20	40.73
0.60	2 785	0.29	48.01
0.65	2 996	0.318	52.25

2) 油层孔隙度

模拟计算了油层孔隙度分别为 0.15,0.20,0.30,0.36 几种情况下的注蒸汽开发效果(图 3-3-2,表 3-3-2)。可以看出,随着油层孔隙度的增大,蒸汽驱的生产时间延长,采收率变化比较平缓,而油汽比大幅度提高,当孔隙度为 0.15 时,油汽比为 0.16 m³/m³。因此,当孔隙度小于 0.15 时,不宜进行注蒸汽开发。

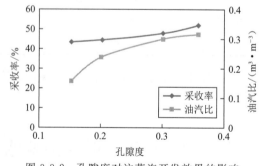

图 3-3-2　孔隙度对注蒸汽开发效果的影响

表 3-3-2　油层孔隙度对蒸汽驱开发效果的影响

油层孔隙度	生产时间/d	累积油汽比/(m³·m⁻³)	采收率/%
0.15	1 798	0.16	43.71
0.20	1 991	0.24	44.91
0.30	2 448	0.30	48.45
0.36	2 996	0.318	52.35

3）油层厚度

模拟计算了油层厚度分别为 10,18 和 27 m 几个方案的注蒸汽开发效果，各方案注汽速度均为 1.8 t/(ha·m·d)（图 3-3-3，表 3-3-3）。可以看出，随着油层厚度的增加，油汽比和采收率大幅度上升。这是因为油层太薄时，由于向顶底盖层的热损失比例较大，热有效率变差。当油层厚度为 10 m 时，累积油汽比为 0.165 m³/m³，略高于经济油汽比 0.15 m³/m³，采收率为 25.36%。因此，当油层厚度小于 10 m 时，不宜进行注蒸汽开发。

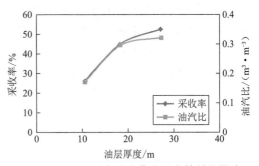

图 3-3-3　油层厚度对注蒸汽开发效果的影响

表 3-3-3　油层厚度对蒸汽驱开发效果的影响

油层厚度/m	生产时间/d	累积油汽比/(m³·m⁻³)	采收率/%
10	2 199	0.165	25.36
18	2 790	0.290	44.82
27	2 996	0.318	52.35

4）油藏渗透率

模拟计算了生产层渗透率相应提高一倍和降低一半时的注蒸汽开发效果（图 3-3-4，表 3-3-4）。可以看出，随着油层渗透率的降低，有效生产时间变长，油汽比和采收率也有所降低，但降低幅度不大，其油汽比均大于 0.15 m³/m³，且采收率高于 20%。

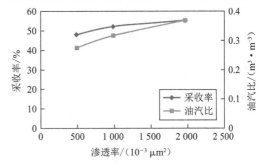

图 3-3-4　渗透率对注蒸汽开发效果的影响

表 3-3-4　渗透率对注蒸汽开发效果的影响

油藏渗透率/(10⁻³ μm²)	生产时间/d	累积油汽比/(m³·m⁻³)	采收率/%
500	3 494	0.275	48.64
1 000	2 996	0.318	52.35
2 000	2 637	0.370	55.15

2. 水驱转蒸汽开发注汽工艺参数界限

当油藏参数符合蒸汽吞吐的筛选标准时，注汽参数成为影响蒸汽吞吐开发效果的主要因素。为了高效开发稠油油藏，研究注汽参数的影响规律并对其进行优化设计是十分必要的。下面主要就注汽强度、注汽干度、焖井时间和注汽速度 4 个因素进行分析。

1）注汽强度

模拟注汽强度对注蒸汽开发的影响规律时，换算后对应的周期注汽量分别为 212 t，371 t，583 t，795 t，954 t，1 166 t 和 1 325 t，注入天数分别为 1 d，2 d，3 d，4 d，5 d，6 d 和 7 d，模拟结果如图 3-3-5 所示。从图中可以看出，随着注汽强度的增加，其周期产油量也不断增加，但是周期油汽比却下降，因此在评价注汽强度对蒸汽吞吐开发效果的影响时，不能单独考虑周期产油量或生产油汽比。

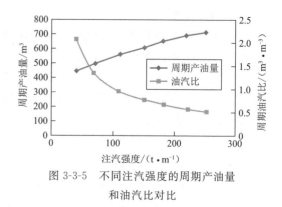

图 3-3-5　不同注汽强度的周期产油量和油汽比对比

2）注汽干度

水蒸汽需要很高的汽化潜热和很大的比热容，所以干度高的蒸汽焓高、比热容大，注入地层后体积大、温度高。对于注蒸汽开发的稠油油藏，其增产机理主要是加热油藏和原油，降低原油黏度，从而增加其流动性，所以蒸汽干度的影响对稠油油藏的开发至关重要。

模拟计算各蒸汽干度下的开发效果，如图 3-3-6 所示。由图可以看出，周期产油量、油汽比都随蒸汽干度的增加而增加。但由于蒸汽干度受到锅炉条件的限制，因此在参数优化时，蒸汽干度一般为锅炉可提供的最大干度，为一确定值。当蒸汽从锅炉经由输汽管线进入井底时，伴随着大量的热量损失，真正对油层加热的蒸汽只是其中的一部分。这里的注汽干度一般指井底的蒸汽干度。

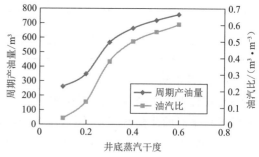

图 3-3-6　不同蒸汽干度下的周期产油量和油汽比对比

3）焖井时间

对于蒸汽吞吐井来说，如果注汽后焖井时间太短，注入热量来不及与油层进行热量交换，造成回采水率和回采汽率高，采收率低；若焖井时间过长，又容易使注入的热量从顶底盖层散失，也会影响到蒸汽吞吐效果。对于蒸汽吞吐井来说，焖井时间是一个敏感因素，在其他生产和注入参数不变的情况下，模拟了焖井时间为 1 d，2 d，3 d，4 d 和 5 d 等情况。由模拟结果（图 3-3-7）可以看出，焖井时间对蒸汽吞吐开采效果影响非常大，焖井时间为 3～5 d 时效果最好。

4）注汽速度

在其他生产和注汽参数不变的情况下，对注汽速度范围内的蒸汽吞吐开采进行模拟计算，其结果分析如图 3-3-8 所示。由对比图可以看出，随着注汽速度的增加，生产效果也在变好，这是由于提高注汽速度既可缩短油井停产注汽的时间，又可提高增产效果。注汽速度降低，将增加井筒损失率，导致井底蒸汽干度降低，吞吐效果变差，这是要求注汽速度不能太低的主要因素；另一方面不能为了追求最大的注汽速度而将注汽压力提得过高，以防止超过油层破裂压力，因此注汽速度应结合地面注汽设备、地层吸汽能力、地层破裂压力等多种因素综合而定。

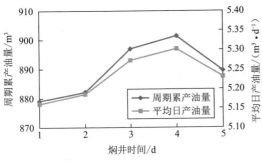

图 3-3-7 不同焖井时间下的周期累产油量和
平均日产油量对比

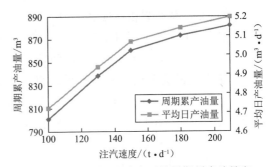

图 3-3-8 不同注汽速度下的周期累产油量和
平均日产油量对比

3. 水驱转蒸汽开发经济技术界限

1）蒸汽吞吐经济界限指标计算方法

稠油开发投资大、成本高、效益低,因此需要一套经济政策界限。累计吞吐生产时间不同、累积注汽量不同,累积采油量就不同,经济油汽比界限也不同。因此,必须根据各油田的原油性质、油层厚度等实际吞吐情况确定各自的经济界限指标。

目前常见的经济界限指标计算方法主要有以下三种:方法一是 1996 年由河南石油勘探局首次提出的,该方法运用盈亏平衡原理和边际成本理论,在单井的累计净利润为零时计算单井累积油汽比经济界限,然后在此基础上利用相关公式求出其他经济界限指标;方法二是由辽河油田分公司提出的,该方法在油井投产后计算收入与总投入相等时的累积产油量即单井累积产油量经济界限,在此基础上利用相关公式计算其他经济界限指标;方法三是由河南石油勘探局提出的,该方法考虑因素较全面,适于热采老区开发经济界限指标计算。

（1）累积油汽比法。

① 单井累积油汽比经济界限。

单井吞吐累积油汽比经济界限是指单井吞吐生产中累积产油量与累积注汽量之比的最小值。

单井累计收入为:

$$F = PQ_\circ R(1-r)$$

式中　F——单井累计收入,元;

　　　P——原油销售价格,元/t;

　　　$Q_\circ$——单井累积产油量,t;

　　　R——原油商品率,小数;

　　　r——综合税率,小数。

平均每口井的累计投入为:

$$G = M + AQ_\circ + BQ_{1s} + CT_1 \tag{3-3-1}$$

式中　G——平均每口井的累计投入,元;

　　　M——平均单井钻井、地面建设投资,元;

　　　A——原油储量使用费,元/t;

　　　B——蒸汽的注汽费,元/t;

Q_{1s}——单井累积注汽量，t；

C——单井生产成本，元/d；

T_1——单井累计吞吐生产时间，d。

考虑上交的资源税 Z 和增值税 r，则平均每口井的累计净利润为：

$$E = PQ_oR(1-r) - ZQ_oR - (M + AQ_o + BQ_{1s} + CT_1) \tag{3-3-2}$$

式中　E——平均每口井的累计净利润，元；

Z——资源税率，元/t。

按每烧 1 t 油约产 13 t 蒸汽计算，令 $E = 0$，得单井吞吐累积油汽比经济界限为：

$$OSR_1 = \frac{\dfrac{1}{13}[P(1-r)R - ZR - A] + \dfrac{M + CT_1}{Q_{1s}} + B}{P(1-r)R - ZR - A} \tag{3-3-3}$$

式中　OSR_1——单井累积油汽比经济界限，小数。

② 单井累积产油量经济界限。

将上式两边同乘以单井累积注汽量 Q_{1s} 即可得到单井累积产油量经济界限：

$$Q_{1o} = \frac{\dfrac{1}{13}Q_{1s}[P(1-r)R - ZR - A] + M + CT_1 + Q_{1s}B}{P(1-r)R - ZR - A} \tag{3-3-4}$$

式中　Q_{1o}——单井累积产油量经济界限，t。

③ 单井周期油汽比经济界限。

其计算公式为：

$$OSR_2 = \frac{\dfrac{1}{13}[P(1-r)R - ZR - A] + \dfrac{CT_2}{Q_{2s}} + B}{P(1-r)R - ZR - A} \tag{3-3-5}$$

式中　OSR_2——单井周期油汽比经济界限，小数；

T_2——单井吞吐周期生产时间，d；

Q_{2s}——单井吞吐周期注气量，t。

对应的周期累积产油量经济界限为：

$$Q_{2o} = \frac{\dfrac{1}{13}Q_{2s}[P(1-r)R - ZR - A] + CT_2 + Q_{2s}B}{P(1-r)R - ZR - A} \tag{3-3-6}$$

式中　Q_{2o}——单井周期产油量经济界限，t。

④ 吞吐周期废弃产量经济界限。

单井日常收入为：

$$F = PQ_{3o}R(1-r)$$

式中　F——单井日常收入，元/d；

Q_{3o}——单井周期废弃产量经济界限，t/d。

单井日常投入为：

$$G = AQ_{3o} + C$$

式中　G——单井日常投入，元/d。

单井日净收入为：

$$E_1 = PQ_{3o}R(1-r) - ZQ_{3o}R - (AQ_{3o} + C) \tag{3-3-7}$$

式中　E_1——单井日净收入，元/d。

当 $E_1 = 0$ 时，$Q_{3o} = C/[P(1-r)R - ZR - A]$。

（2）累积产油量法。

① 单井累积产油量经济界限指标。

单井累计投入为：

$$M_1 = I + P_iW_{s1} + N_pG + N_pD_1 + N_pER$$

式中　M_1——单井累计投入，10^4 元；

　　　I——平均单井投资（单井钻井费、地面建设费），10^4 元；

　　　P_i——每吨蒸汽注汽费，元/t；

　　　W_{s1}——单井累积注汽量，10^4 t；

　　　G——每吨原油的操作费（不含注汽），元/t；

　　　D_1——总期间费用，元/t；

　　　E——税金，元/t；

　　　N_p——单井累积产油量，10^4 t；

　　　R——原油商品率，%。

单井累计收入为：

$$Y_1 = N_pRL$$

式中　Y_1——累计销售收入，10^4 元；

　　　L——原油售价，元/t。

当收入与投入相等时，则有：

$$N_pRL = I + P_iW_{s1} + N_pG + N_pD_1 + N_pER$$

可导出：

$$N_p = \frac{I + P_iW_{s1}}{RL - G - D_1 - ER} \tag{3-3-8}$$

② 单井累积油汽比经济界限指标。

将累积油汽比 $OSR_1 = N_p/W_{s1}$ 代入上式得：

$$OSR_1 = \frac{I + P_iW_{s1}}{W_{s1}[RL - G - D_1 - ER]} \tag{3-3-9}$$

③ 单井周期油汽比经济界限。

单井周期投入为：

$$M_2 = P_iW_{s2} + q_{op}G + q_{op}D_2 + q_{op}ER$$

式中　M_2——单井周期投入，10^4 元；

　　　W_{s2}——周期注汽量，t；

　　　D_2——周期内期间费用，元/t；

　　　q_{op}——单井周期产油量，t。

单井周期收入为：

$$Y_2 = q_{op}RL$$

式中　Y_2——单井周期销售收入，10^4 元。

当收入与投入相等时,则有:

$$q_{op}RL = P_iW_{s2} + q_{op}G + q_{op}D_2 + q_{op}ER \qquad (3\text{-}3\text{-}10)$$

可导出:

$$q_{op} = \frac{P_iW_{s2}}{RL - G - D_2 - ER}$$

将单井周期油汽比 $OSR_2 = q_{op}/W_{s2}$ 代入上式得:

$$OSR_2 = \frac{P_i}{RL - G - D_2 - ER} \qquad (3\text{-}3\text{-}11)$$

④ 周期废弃产油量经济界限。

单井基本日常投入为:

$$M_3 = Z_{d1} + q_{o1}D_2 + q_{o1}ER$$

式中　M_3——单井的基本日常投入,元/d;

　　　Z_{d1}——单井日基本操作费用,元/d;

　　　q_{o1}——单井日产油,t/d。

单井日常收入为:

$$Y_3 = q_{o1}RL$$

式中　Y_3——单井日销售收入,元/d。

由收入与投入相等可以推导出:

$$q_{o1} = \frac{Z_{d1}}{RL - D_2 - ER} \qquad (3\text{-}3\text{-}12)$$

(3)动态财务净现值法。

单井经济极限累积产量是指生产期内财务净现值为零时的累积产油量,其表达式为:

$$FNPV = \sum_{t=1}^{n}(C_{in} - C_{out})_t(1+i_c)^{-t} + V_r \qquad (3\text{-}3\text{-}13)$$

式中　$FNPV$——累积财务净现值,元;

　　　t——计算时间,年;

　　　C_{in}——现金流入量,元;

　　　C_{out}——现金流出量,元;

　　　i_c——基准收益率,%;

　　　V_r——开采期末地面设备残值的折现值,元。

当 $FNPF = 0$ 时,油井产量即为经济极限累积产量。

现金流入量为:

$$C_{in} = P_oL$$

式中　P_o——单井年产油量,t。

现金流出量为:

$$C_{out} = I + C_o + C_t$$

式中　I——单井年投资费用,元;

　　　C_o——单井年操作费用,元;

　　　C_t——单井年税费,元。

单井年投资费用包括钻井投资和油井基建投资两部分:

$$I = DP_d + I_s$$

式中 D——完钻井深，m；

P_d——单位进尺钻井成本，元/m；

I_s——单井地面建设投资，元。

单井年操作费用为：

$$C_o = C_w + Q_f P_f$$

式中 C_w——防砂费用、井下作业费、活动管线折旧和拆装费等，10^4 元；

P_f——燃料成本，10^4 元/t；

Q_f——单井年用燃料量，t。

单井年税费为：

$$C_t = (12 + 0.077 P_o) Q_o R_c$$

式中 Q_o——单井年产油量，10^4 t；

R_c——原油商品率，%。

单井年产油量为：

$$Q_o = R_o Q_{oe}$$

式中 R_o——年产油量占总产油量比例，%；

Q_{oe}——单井经济极限累积产油量，10^4 t。

单井年注汽量为：

$$Q_o = \frac{R_s Q_{oe}}{OSR}$$

式中 OSR——累积油汽比；

R_s——年注汽量占总注汽量的比例，%。

年燃料油费用为：

$$Q_f P_f = \frac{R_s Q_{oe} P_o}{13 OSR}$$

原油商品率为：

$$R_c = 1 - \frac{R_s}{13 OSR}$$

单井经济极限累积产量为：

$$Q_{oe} = \frac{\sum_{t=1}^{n} (D P_d + I_s + C_w)_t (1 + i_c)^{-t} - V_r}{\sum_{t=1}^{n} [(0.923 P_o - 12) R_o - (0.071 P_o - 0.923) R_s / OSR]_t (1 + i_c)^{-t}} \tag{3-3-14}$$

其中，

$$\sum R_o = 1, \quad \sum R_s = 1, \quad V_r = 0.8 I_s \left(1 - \frac{t}{6}\right)(1 + i_c)^{-t} \quad (t \geqslant 6, V_r = 0)$$

2）经济界限指标

（1）单井累积产油量经济界限。

极限累积产油量的定义为：油井蒸汽吞吐后，最后一个周期的周期油汽比不小于极限周期油汽比时，累计收入与累计投入达到平衡时的累积产油量。

蒸汽吞吐开采单井累计投入：

$$M = I + P_s Q_s + C + Q_o ER$$

其中：

$$C = C_w + Q_o C_o + Q_s C_s$$

式中　M——蒸汽吞吐开采单井累计投入，10^4 元；

　　　I——平均单井投资（单井钻井费、地面建设费），10^4 元；

　　　P_s——每吨蒸汽注汽费，元/t；

　　　Q_s——单井累积注汽量，10^4 t；

　　　C——单井总的操作成本，10^4 元；

　　　C_o——与产油量有关的操作费用（搬家费用、产液处理费等），元/t；

　　　C_s——与注汽量有关的操作费用（燃油费、拉水费用、注汽电费、注汽设备折旧费、注汽人工费等），元/t；

　　　Q_o——单井累积产油量，10^4 t；

　　　E——税金，元/t；

　　　R——原油商品率，%。

蒸汽吞吐开采单井累计收入：

$$Y = Q_o P_o R$$

式中　Y——单井累计收入，10^4 元；

　　　P_o——原油售价，元/t。

当收入与投入相等时，可导出：

$$Q_o = \frac{I + (P_s + C_s)Q_s + C_w}{RP_o - C_o - ER} \tag{3-3-15}$$

（2）单井周期油汽比经济界限。

一般而言，随着周期数的增加，蒸汽吞吐周期油汽比不断降低，当降到某一数值时，再继续吞吐下去，经济上将是不合算的。该点为周期油汽比界限，即周期收入与周期投入达到平衡时的油汽比是判别周期吞吐是否成功的标志。

周期投入为：

$$M_1 = P_s Q_s + C_1 + Q_{o1} ER$$

其中：

$$C_1 = C_{w1} + Q_{o1} C_o + Q_{s1} C_s$$

式中　Q_{o1}——单井周期累积产油量，10^4 t；

　　　Q_{s1}——单井周期累积注汽量，10^4 t；

　　　C_{w1}——单井周期其他操作成本（活动管线折旧和拆装费用等），10^4 元。

周期收入为：

$$Y_1 = Q_{o1} RP_o$$

当收入与投入相等时，可以导出周期油汽比界限值：

$$OSR = \frac{C_{w1}/Q_{s1} + C_s + P_s}{RP_o - C_o - ER} \tag{3-3-16}$$

（3）单井周期极限日产油量。

周期极限日产油量定义为极限周期累积产油量 Q_{o1} 除以周期累计生产时间 t_1，即

$$q_{o1} = \frac{Q_{o1}}{t_1}$$

式中 q_{o1}——单井极限周期日产油量，t/d；

t_1——周期生产时间，d。

单井周期累计操作费用为周期平均日操作费用乘以周期累计生产时间：

$$Q_{o1}C_o' = C_{o1}t_1$$

式中 C_{o1}——单井周期平均日操作费用，元；

C_o'——每吨油的操作成本（所有的操作成本转化成吨油成本），元/t。

因此，单井极限周期日产油量为：

$$q_{o1} = \frac{C_{o1}}{C_o'} \tag{3-3-17}$$

3）营13东二段经济技术界限

（1）营13东二段油藏经济界限。

① 经济极限累积产油量。

根据营13断块已投产的直井和水平井的各项成本和费用（表3-3-5），采用静态法计算出目前油价下该块直井和水平井的经济极限累积产油量。利用该表的经济极限累积产油量可指导该块的开发技术政策界限研究。

表3-3-5 营13断块直井和水平井经济参数及经济极限累积产油量

井 别	钻井投资 /(10⁴元)	地面费用 /(10⁴元)	采油投入 /(10⁴元)	总投入 /(10⁴元)	吨油成本 /(元·t⁻¹)	油价 /(美元·bbl⁻¹)	原油价格 /(元·t⁻¹)	经济极限累积产油量/t
直 井	320	150	80	550	801	50	2 239	3 824
水平井	520	191	180	891	801	50	2 239	6 195

注：1 bbl = 0.159 m³。

② 蒸汽吞吐经济极限油汽比。

经济极限油汽比是稠油油藏蒸汽吞吐开发中极其重要的经济指标，是反映开发技术水平和经济效益的综合指标。该指标随油价而变化，也与生产成本密切相关。采用静态法计算出不同吨油成本不同油价下蒸汽吞吐经济极限油汽比，如图3-3-9所示。从图中可以看出，当吨油成本为900元/t，油价为50美元/bbl时，蒸汽吞吐经济极限油汽比大约为0.13 t/t。在以下开发技术政策界限参数优化中，蒸汽吞吐经济极限油汽比取0.12 t/t。

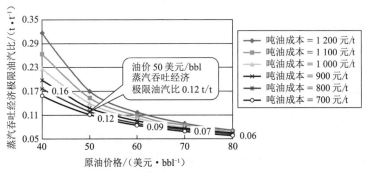

图3-3-9 不同吨油成本不同油价下蒸汽吞吐经济极限油汽比图

（2）营 13 东二段油藏技术界限。

① 开发方式技术界限。

测算营 13 断块东二段地层条件下（地层温度为 70 ℃）的原油黏度为 105 mPa·s，处于注蒸汽热采的边际，可以选择常规和热采两种不同的开发方式。数值模拟计算时，假设生产井有 2 口直井，天然能量和蒸汽吞吐时采用行列式井网，注水开发时采用反五点法井网，井距 200 m×283 m，中心 1 口水井。

计算结果（表 3-3-6）表明，蒸汽吞吐的采出程度最高，且与衰竭开采和注水开发相比，其经济效益最优。

表 3-3-6 营 13 断块不同开发方式指标表

开发方式	周 期	累计生产时间/d	累积注汽（水）量/(10⁴ t)	累积产油量/(10⁴ t)	累积油汽比/(t·t⁻¹)	采出程度/%	控制地质储量/(10⁴ t)	净采油量/(10⁴ t)	井 数
衰竭开采	—	1 006	—	0.65	—	9.63	6.75	−0.11	直井 2 口
蒸汽吞吐	8	1 662	1.60	1.21	0.75	17.87	6.75	0.33	直井 2 口
注水开发	—	2 810	11.24	1.01	—	14.95	6.75	−0.23	直井 3 口

② 开发井型技术界限。

由于营 13 断块东二段各小层都有一定的水体，边底水范围大，天然能量充足，导致该块油井（直井）常规投产后基本就含水，油田无无水采油期，而且油井含水上升快。

在营 13 东一段构造高部位，50 ℃条件下地面原油黏度 3 757～8 617 mPa·s，折算到地层条件下，原油黏度 165～279 mPa·s，为普通稠油油藏。于 2010 年完钻注蒸汽吞吐投产 4 口水平井，至 2011 年 4 月平均单井日产油能力为 8.4 t/d，为周围直井日产量的 3.5 倍，且含水率比直井低 10%，开发效果较好，为本层水平井调整奠定了基础，提供了借鉴。

通过数值模拟计算了直井和水平井的开发效果（表 3-3-7）。可以看出，1 口水平井与 2 口直井相比，其生产时间、累积产油量、采出程度和净采油量都要高，因此推荐采用水平井进行调整。

表 3-3-7 营 13 断块不同开发井型指标表

井 别	周 期	累计生产时间/d	累积注汽量/(10⁴ t)	累积产油量/(10⁴ t)	累积油汽比/(t·t⁻¹)	采出程度/%	控制地质储量/(10⁴ t)	净采油量/(10⁴ t)	井数/口
直 井	8	1 662	1.60	1.21	0.75	17.87	6.75	0.33	2
水平井	10	1 990	2.00	1.29	0.65	19.12	6.75	0.53	1

③ 布井极限厚度技术界限。

营 13 断块东二段各主力小层的有效厚度都比较薄，通过建立有效厚度界限，对水平井布井范围进行优选。根据该块的厚度变化范围，分别计算了有效厚度为 2 m，3 m，4 m，5 m 和 6 m 时水平井的开发效果（表 3-3-8）。可以看出，当极限有效厚度达到 2.8 m 时，可满足该块水平井的经济极限累积产油量，推荐该块水平井在纯油区布井有效厚度大于 3 m。

表 3-3-8 营 13 断块东二段极限厚度优化表

极限厚度 /m	周 期	累计生产 时间/d	累积注汽量 /(10⁴ t)	累积产油量 /(10⁴ t)	累积油汽比 /(t·t⁻¹)	采出程度 /%	控制地质 储量/(10⁴ t)	净采油量 /(10⁴ t)
2	6	1 334	1.17	0.51	0.44	23.96	2.70	−0.20
3	7	1 498	1.40	0.76	0.54	23.93	4.05	0.04
4	8	1 662	1.60	1.01	0.63	23.91	5.40	0.28
5	10	1 990	2.00	1.29	0.65	19.12	6.75	0.53
6	10	1 990	2.00	1.52	0.76	23.86	8.10	0.75

④ 距内油水边界距离技术界限。

营 13 断块油水关系复杂,各含油断块区无统一的油水界面,每个小层各自成为独立的油水系统,都有各自的油水界面。利用数值模拟技术对水平井距边水的距离进行了优化。

从水平井距内油水边界不同距离的开发效果曲线(图 3-3-10)来看,随着水平井距内油水边界距离的增加,累积产油量逐渐增加。当水平井距内油水边界 200 m 时,净采油量为 0.08×10^4 t 左右,结合油藏的实际情况,水平井距内油水边界距离应大于 175 m。

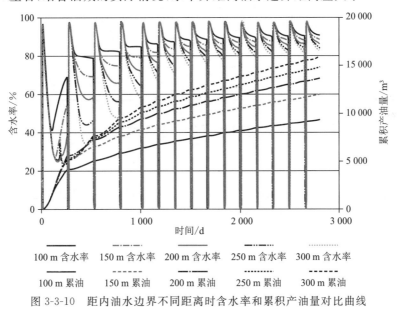

图 3-3-10 距内油水边界不同距离时含水率和累积产油量对比曲线

⑤ 底水油藏开发技术界限。

营 13 断块的主力层之一东二 4⁴ 小层为有底水的稠油油藏,因此建立带底水的数值模拟模型以开展底水稠油开发技术界限研究。

通过计算(表 3-3-9)可以看出,当无夹层区域常规水平井油层有效厚度达到 9 m 以上时,水平井才达到经济极限累积产油量,而该区油层有效厚度较小,不能满足纯油区常规水平井技术界限。

当油水之间存在夹层,有效厚度达到 4 m 以上时,水平井累积产油量即可满足经济极限累积产油量,因此在油水过渡带部署水平井应在具有夹层且有效厚度大于 4 m 的范围内布井(表 3-3-10)。

表 3-3-9　营 13 断块东二 4⁴ 层无夹层区域常规水平井油层有效厚度优化数据表

油层厚度/m	距底水距离/m	周　期	累计生产时间/d	累积注汽量/(10⁴ t)	累积产油量/(10⁴ t)	累积油汽比/(t·t⁻¹)	采出程度/%	控制地质储量/(10⁴ t)	净采油量/(10⁴ t)
6	5.4	5	1 170	1.00	0.21	0.21	2.57	8.10	−0.48
7	6.3	8	1 662	1.60	0.32	0.20	3.36	9.45	−0.42
8	7.2	15	2 810	3.00	0.54	0.18	4.97	10.80	−0.30
9	8.1	16	2 974	3.20	0.79	0.25	6.53	12.15	−0.06
10	9.0	17	3 138	3.40	0.95	0.28	7.01	13.50	0.08

表 3-3-10　营 13 断块东二 4⁴ 层有夹层区域水平井油层有效厚度优化数据表

油层厚度/m	距底水距离/m	周　期	累计生产时间/d	累积注汽量/(10⁴ t)	累积产油量/(10⁴ t)	累积油汽比/(t·t⁻¹)	采出程度/%	控制地质储量/(10⁴ t)	净采油量/(10⁴ t)
2	1.8	5	1 170	0.98	0.36	0.37	13.33	2.70	−0.33
3	2.7	8	1 662	1.60	0.55	0.34	12.93	4.05	−0.18
4	3.6	11	2 154	2.20	0.75	0.31	13.74	5.40	−0.03
5	4.5	15	2 810	3.00	0.97	0.28	15.06	6.75	0.14
6	5.4	19	3 466	3.80	1.23	0.33	15.27	8.10	0.34

二、营 13 东二段油藏水驱转热采开发调整对策

1. 开发方式调整对策

开发方式是指根据油藏驱动能量来确定开采方法的措施。按照油藏驱动能量类型可以把开发方式划分为弹性能量开发、注水开发和注汽开发等方式。

1）弹性能量开发

弹性开发方式是指欠饱和油藏以油层岩石及其中所含流体的体积弹性作为油藏开发的主要驱动能量的一种开发方式。在油层被打开之前，岩石或孔隙骨架及其内部所含的流体均承受上部岩层的巨大压力，岩石和流体处于压缩状态；油层钻开之后，随着原油的采出，压力不断下降，原被压缩的流体和岩石均发生弹性膨胀，两者同时作用将原油采出地面。弹性采收率很低，当地层饱和压差较大时，弹性采收率可相应地提高。其开采特征曲线如图 3-3-11 所示。

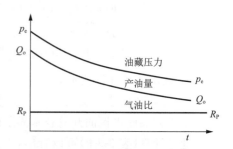

图 3-3-11　弹性开发方式下的油藏开采特征曲线

2）注水开发方式

注水按照注水时间有早期注水、晚期注水两种方式，而早期注水又分为超前早期注水和同步注水。

超前注水是针对特低渗透油层具有启动压力梯度及油层具有弹塑性形变等特点,根据非达西渗流提出的改善这类储层开发效果的一项技术。它是指注水井在采油井投产前投注,油井投产时其泄油面积内含油饱和度不低于原始含油饱和度,地层压力高于原始地层压力,并建立起有效驱替系统的一种注采方式。

同步注水在整体完善过程中基本上保证了注水与采油同步进行,这是油井普遍见效、开发效果较好的原因之一。

确定油藏最佳注水时机要考虑以下几个因素:

(1)油田天然能量的大小。

如果有的油藏边水充足且很活跃,水压驱动能够满足油田开发要求,就不必采用人工注水方式开采;如果有的油田地饱压差较大,有较大的弹性能量,此时就不必采用早期注水。总之,要尽量利用天然能量来提高经济效益。

(2)油田的大小和对油田产量的要求。

(3)油田的开采特点和开采方式。

由于不同油田的地质条件差别较大,因此其开采方式的选择与注水时间的确定也有一定关系。采用自喷开采时,就要求注水时间相对早一些,压力保持水平相对高一些。有的油田原油黏度高,油层非均质性严重,只能适合机械采油方式时,油层压力就没必要保持在原始油层压力附近,不一定要采用早期注水开发。

3)营 13 注蒸汽开发方式

由于稠油黏度(油藏条件下原油黏度大于 50 mPa·s)变化范围较大,依据油藏原油黏度可以选择两种不同的开发方式。

油藏原油黏度为 50～100 mPa·s(一类普通稠油)时一般可进行注水开发,油藏原油黏度大于 100 mPa·s 时一般采用注蒸汽热力开采。营 13 东二段 70 ℃ 地层原油黏度 105 mPa·s,并且随温度的升高,黏度下降较为明显。鉴于 2010 年东一段营 13 平 4,5,6 和 7 四口井采用蒸汽吞吐热采获得了较好开发效果,结合营 13 东二段开发方式数值模拟优化结果,东二段推荐采用蒸汽吞吐开发方式。

2. 开发层系划分调整对策

开发层系的划分调整需满足以下条件:

(1)作为一套层系,纵向上具有叠合性,能形成井网和注采系统。

(2)各层系具备独立开发的物质基础,具有一定的可采储量,原则上单井控制剩余可采储量应大于经济极限产量,以保证调整井具有经济效益。按拟定的开发层系分析统计各个小层的物质基础(小层个数、含油面积、有效厚度、地质储量等),一套开发层系的主力小层个数不多于 3 个。

(3)能使各类油层发挥最大的生产能力。

(4)一套开发层系应是油水边界、压力系统、油层沉积类型和原油性质比较接近的油层的组合。按油层组统计油藏物性和原油物性,如果层间差别较大则需要分层系开发,较小则不需要分层系(开发初期渗透率级差控制在 5 以内,开发后期精细划分到 2 以内,原油黏度级差一般在 2 以内)。

满足以上条件的油层可划分为同一开发层系,针对不同类型油藏,相关层系划分标准阈值应视具体情况而定。在分层工艺能解决的范围内,开发层系不宜划分过细,以便减少建设工作量,提高经济效益。

1) 营 13 东二段油藏层系划分必要性

(1) 生产厚度大。

开发过程中,多数井多层合注合采,最大生产厚度达 42 m,生产井段 317 m,最大注水厚度达 48 m,注水井段 202 m。由于物性的差异,存在层间干扰现象,渗透率较低的层可能根本不能动用(本块没有产液剖面资料,因此无法评价各小层的具体动用情况),从而降低了非主力层及物性差油层的开发效果。

(2) 储层物性差异大,非均质严重。

营 13 断块油层物性(根据测井资料统计)差异大,非均质严重,东二 1～14 渗透率为 $(90～805)×10^{-3}$ μm^2,平均为 $410×10^{-3}$ μm^2,级差为 8.9,突进系数为 2.1,反映出储层层间非均质严重,须进一步细分。

(3) 各层系吸水能力差异较大。

砂层组中吸水较好的主要是东二 2、东二 8,为了提高油、水井产油,增加吸水剖面厚度,提高每个砂层组的储量动用程度,达到提高最终采收率的目的,细分开发层系是必要的。

2) 营 13 东二段油藏层系划分可行性

(1) 各层系均有一定的剩余可采储量。

根据水驱特征曲线标定采收率计算,东二 1～4 剩余可采储量 $15.2×10^4$ t,东二 5～8 剩余可采储量 $10.1×10^4$ t,东二 10～14 剩余可采储量 $4.9×10^4$ t(表 3-3-11)。

表 3-3-11　营 13 东二各层系剩余可采储量统计表

层　系	累产油/(10^4 t)	采出程度/%	地质储量/(10^4 t)	剩余可采储量/(10^4 t)	预测剩余可采储量/(10^4 t)
东二 1～4	66.9	29.8	224.4	15.2	26.2
东二 5～8	51.8	32.0	161.9	10.1	21.1
东二 10～14	20.2	32.8	61.6	4.9	10.9
合　计	138.9	31.0	447.9	30.2	58.2

(2) 各层系均有一定的油层厚度。

细分层系后每套层系均有一定厚度,东二 1～4 层系一般厚度 15～25 m,平均 18 m;东二 5～8 层系一般厚度 10～25 m,平均 15 m;东二 10～14 层系,油层少,一般厚度 8～20 m,平均 13 m(表 3-3-12)。

表 3-3-12　营 13 东二段油藏分层系油层厚度统计表

层　系	一般厚度/m	平均厚度/m
东二 1～4	15～25	18
东二 5～8	10～25	15
东二 10～14	8～20	13

(3) 细分后层间物性差异变小。

由断块采出程度与渗透率级差关系曲线、含水上升率与渗透率级差关系曲线可以看出,层系内渗透率级差应控制在 5 倍以内(图 3-3-12、图 3-3-13)。

细分层系前,东二 1~14 渗透率级差为 8.9,突进系数为 2.1;细分后东二 1~4 渗透率级差为 1.6,突进系数为 1.2,东二 5~8 渗透率级差为 2.6,突进系数为 1.4,东二 10~14 渗透率级差为 3.5,突进系数为 1.3。由此可见,细分层系后,渗透率级差和突进系数均有一定程度的降低,层系内非均质性得到改善。

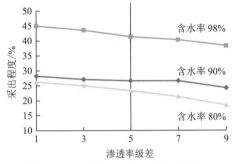

图 3-3-12 不同含水率时采出程度与
渗透率级差关系曲线

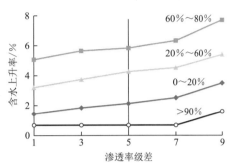

图 3-3-13 不同含水阶段含水上升率与
渗透率级差关系曲线

(4)各层系均具有一定的产能。

根据近年来补孔改层井生产情况分析,各层系均有一定的产能(表 3-3-13),东二 1~4 层系 16.9 t/d,东二 5~8 层系 9.5 t/d,东二 10~14 层系 13.6 t/d。

表 3-3-13 补孔改层产量统计表

井 号	时 间	层 位	砂岩厚度 /m	有效厚度 /m	日产液量 /(t·d⁻¹)	日产油量 /(t·d⁻¹)	含水率 /%
DXY13X73	2003.05	东二 1^3~东二 1^4	9	5.8	42.5	3.6	91.5
DXY13X73	2004.03	东二 1^3~东二 3^5	15.4	10.5	52.2	4.0	92.4
DXY13-16	2004.03	东二 1^4~东二 2^3	7.2	4	181.0	9.5	94.8
DXY17X61	2003.11	东二 1^5~东二 1^5	7.5	7.5	139.7	50.6	63.7
范 围			7.2~15.4	4~10	103.8	16.9	85.6
DXY2-X13	1999.07	东二 5^3~东二 5^5	8.5	6.4	71.1	3.1	95.6
DXY13X117	2001.09	东二 5^4~东二 5^4	4.4	2.2	38.4	0.7	98.1
DXY13X116	2003.09	东二 6^2~东二 7^1	4.5	3.1	58.8	3.9	93.3
DXY13X109	2000.02	东二 6^3~东二 6^9	12.8	10.9	74.1	38.4	48.2
范 围			4.4~12.8	2.2~10	60.6	9.5	83.8
DXY13X101	2003.08	东二 6^4~东二 6^7	15.9	15.6	67.8	13.6	79.9
范 围			4.4~12.8	15.6	60.6	13.6	83.8

(5)各层系之间隔层稳定。

根据统计,砂层组之间隔层分布稳定,且厚度平均 3.16 m,东二 1~4 与东二 5~8 之间及东二 5~8 与东二 10~14 之间隔层平均厚度分别为 3.08 m 和 2.75 m,能起到分隔作用。

3. 井网调整部署对策

1）井网部署的方法和依据

众所周知，面积注水方式以油井为中心的井网布置形式有四点法、五点法、七点法、九点法、线状行列方式和蜂窝状系统等；如果以注水井为中心，则称为反几点法。各种布井方式的主要特征参数见表 3-3-14。

表 3-3-14　面积注水井网特征参数

项目 \ n		四 点	五 点	七 点	九 点	线状行列系统	十点蜂窝状	十三点蜂窝状
正井网	x	1/2	1	2	3	1		
	f	$5.196a^2$	$2a^2$	$2.598a^2$	$1.33a^2$	$2a^2$		
	A	$1.732a^2$	a^2	$1.732a^2$	a^2	a^2		
反井网	x	2	1	1/2	1/3	1	1/3.5	1/5.0
	f	$2.598a^2$	$2a^2$	$5.196a^2$	$4a^2$	$3.464a^2$	$3.9L^2$[①]	$10.4L^2$[①]
	A	$1.732a^2$	a^2	$1.732a^2$	a^2	$1.732a^2$	$1.2L^2$	$1.73L^2$

注：① 三角形井网。n—注采单元总井数，即一般称的几点法；x—注采井数比；f—每口注水井控制单元面积，m^2；A—每口井的控制面积，m^2；a—井距，m；L—生产井距，m。

不同面积注水井网在不同流度比（M）条件下生产井见水时的扫油面积系数见表 3-3-15。

表 3-3-15　面积注水井网扫油面积系数

注水系统	流度比 M								
	1	2	3	4	5	10	20	30	40
直　线	0.553	0.479	0.451	0.437	0.428	0.410	0.401	0.398	0.395
五　点	0.718	0.622	0.586	0.568	0.556	0.532	0.520	0.516	0.513
反九点	0.525	0.455	0.428	0.415	0.407	0.389	0.380	0.377	0.375
反七点	0.743	0.675	0.649	0.635	0.627	0.608	0.599	0.596	0.594

从图 3-3-14 中可以看出，对于扫油面积系数，反七点法最好，反九点法最差。但考虑到油田后期的调整与加密，在油田开发早期宜采用反九点井网开采。在油田开发实际工作中不仅要考虑不同面积注水井网的扫油面积系数，还要考虑油水井总的利用效率、原油开采速度、注采平衡状况以及开发过程中注采系统调整的机动性能等。

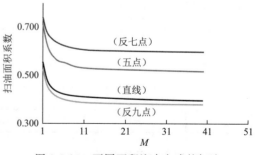

图 3-3-14　不同面积注水方式的扫油面积系数随流度比的变化

2）井网调整部署

按照理论研究，当油田注水井吸水能力特别高时，应该采用注水强度低的面积注水井网，如四点法或反九点法；当吸水能力特别低时，应采用注水强度大的面积注水井网，如七点法或九点法。一般情况下，五点法被认为是合理优越的面积注水方式。针对新建油田的开发前期，在对油层特性、油井生产能力、油田开发速度、注水井吸水能力等方面认识还不清楚的情况下，不宜把注采井网一次定死，应给以后调整留有较大余地。

正规的反九点法面积注水井网（图3-3-15a），注采井数比为1∶3，如果注水井吸水能力高，能满足油田开发的需要，可按这种方式实施；如果注水井吸水能力不很高，不能满足油田开发的需要，则在需要部位适当增加注水井数，使注采井数保持在1∶2左右，油田开发方案设计一般开始都是采取这个比例。

油田开发到中期后，随着油井含水率的不断上升，产油量逐渐递减，为保持必要的原油产量速度，应该不断提高油井产液量，原有注水井的注水量可能满足不了要求，这时就可以调整和增强注采系统，把注采井数比逐步提高到1∶1。

根据油田地质特征，正方形反九点法面积注水井网的调整有4种方式可供选择：

（1）调整为五点面积注水井网（图3-3-15b）；

（2）调整为横向线状行列注水方式（图3-3-15c）；

（3）调整为纵向线状行列注水方式（图3-3-15d）；

（4）到开发后期可调整为反九点法注水方式（图3-3-15e）。

其他面积注水井网如三角形的四点法，注采系统确定后基本上没有调整的余地。

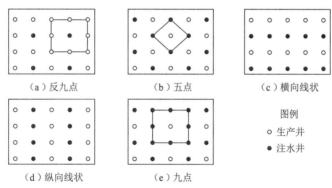

（a）反九点　　　　（b）五点　　　　（c）横向线状

（d）纵向线状　　　　（e）九点

图例
○ 生产井
● 注水井

图3-3-15　正方形井网注采系统调整示意图

正方形井网不仅在注采系统调整方面具有最大的灵活性，而且在井网密度调整方面也有很大的余地。

油田到了开发后期，为了改善开发效果，提高原油采收率，往往需要进行加密。对于较大的油田，这种调整一般都是均匀加密。正方形井网可以在井排间加井，总的井网密度增加1倍。例如，正方形井网原来井距为300 m，井网密度为11.1口/km²；排间加密后，井距变为211 m，井网密度增加到22.2口/km²。这样一个增加幅度，在技术和经济上一般是可被接受和实现的（图3-3-16）。

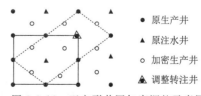

● 原生产井
▲ 原注水井
○ 加密生产井
▲ 调整转注井

图3-3-16　正方形井网加密调整示意图

3）营 13 东二段油藏井网调整部署

（1）营 13 东二段油藏井网调整原则。

① 水平井在纯油区的布井有效厚度在 3 m 以上。

② 当水平井距内油水边界 200 m 时,净采油量为 0.08×10^4 t 左右,结合油藏的实际情况,水平井距内油水边界距离应大于 175 m。

③ 当无夹层区域时,常规水平井油层有效厚度应达到 9 m 以上,而当其油水之间存在夹层时,有效厚度应达到 4 m 以上。

④ 水平段长度 200 m。

⑤ 避开注水主流线和老井水淹区域,水平井平行于构造非井间流线上加密,水平井距老井距离视老井的采出程度而定,一般在 100 m 以上。

（2）井网井距。

应用井网密度法、技术极限井距法计算层系井网技术极限井距、经济极限井距,分析现有井网的合理性。

最终采收率与生产井网密度关系为:

$$R = \left(0.742 + 0.191 \lg \frac{k}{\mu_o}\right) e^{\left(-1.125 \frac{k}{n} \frac{k}{\mu_o} - 0.148\right)} \tag{3-3-18}$$

式中 R——最终采收率;

n——生产井井网密度,井$/km^2$;

k——渗透率,μm^2;

μ_o——地下原油黏度,$mPa \cdot s$。

采收率与井网密度关系理论曲线如图 3-3-17 所示。

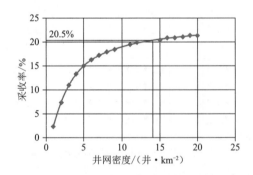

图 3-3-17   采收率与井网密度关系理论曲线

可通过以下公式计算经济井网密度:

$$N_p = \frac{t \left[M + C \frac{(1+i)^t - 1}{i(1+i)^t}\right]}{L \frac{(1+i)^t - 1}{i(1+i)^t}} \tag{3-3-19}$$

$$\frac{N_p}{V} = \left(0.698 + 0.166\,25 \lg \frac{k}{\mu_o}\right) \left(e^{\frac{0.792}{n+1} \frac{k}{\mu_o}} - e^{\frac{0.792}{n} \frac{k}{\mu_o}} - 0.253\right) \tag{3-3-20}$$

式中 N_p——单井经济极限可采储量,t;

$\quad\quad M$——单井基础建设总投资,元;

$\quad\quad C$——单井年经营费,元;

$\quad\quad L$——油价,元/t;

$\quad\quad t$——投资回收期,年;

$\quad\quad V$——单位面积储量,$10^4 t/km^2$。

合理井网密度是每平方千米加密到最后一口井时的井网密度。在该井网密度条件下,最后一口加密井所增加的可采储量的价值等于这口井的基建总投资和回收期内经营费用的总和。这个单井新增可采储量称为经济合理产量或经济合理可采储量。

根据胜利油区合理井网密度经验公式,计算了营 13 块各层系的合理井网密度(表3-3-16)。可以看出,每套层系都具备打井能力,通过计算可以补充完善井 15 口(油井+水井),由于断块小、老井多,很难形成规则的注采井网形式,应根据剩余油潜力分析进行局部井网完善。

表 3-3-16 合理井数计算表

层　系	面积/km²	储量/(10⁴ t)	合理井网密度/(口·km⁻²)	总井数/口		井距/m	可利用井数/口	差值/口
				计　算	取　值			
东二 1~4	2.09	224	12.6	26.3	26	282	20	6
东二 5~8	1.60	163	15.3	24.5	25	256	19	6
东二 10~14	0.73	62	12.3	9.0	9	285	6	3
合　计					60		45	15

4.单井产能确定

1)单井日产液量

单井日产液量可以根据以下方法来确定:

(1)根据近几年(最后 3 年内)本区块新投产井投产初期的产液量情况进行统计,求其平均值作为新井投产液量的参考值。

(2)统计目前方案区块同层系老井的产液量,求其平均值作为新井产液量的参考值。

(3)利用油藏数值模拟方法预测新井产液量。

(4)统计出目前方案区块产液量与生产压差的比值,计算出最大生产压差后再算出新井最大产液量,根据最大产液量和老井产液量估算出新井产液范围,再根据最低流压计算方法计算。

根据最大下入泵深、已计算出的不同充满系数下的泵口压力及含水率,可计算油井最低流压:

$$p_{i\,min} = p_p + \frac{L_m - L_p}{100} \times \rho_o \quad\quad\quad (3\text{-}3\text{-}21)$$

式中 $\quad p_{i\,min}$——油井最低流压,MPa;

$\quad\quad p_p$——泵口压力,MPa;

$\quad\quad L_p$——平均泵深,m;

L_m——油层中深,m;

ρ_o——井筒混合液密度,kg/m³。

(5)根据方案区无因次采液指数曲线,参照达到经济极限含水率时的无因次采液指数,结合开发实际确定合理的无因次采液指数,然后根据估算的新井的射开厚度,计算出新井最大产液量。

2)单井日产油量

(1)新钻井单井日产油量测算。

利用新钻井单井经济极限初产油量计算公式计算不同油价下的新钻井单井经济极限初产油量。

单井经济极限初产油量为:

$$q_{o\,min} = \frac{(I_d + I_b + I_e)(1+R)^{\frac{T}{2}}\beta}{0.036\,5\tau_o\alpha_o(L - O - TAX)(1 - D_c)^{\frac{T}{2}}} \tag{3-3-22}$$

式中 $q_{o\,min}$——单井经济极限初产油量,t/d;

I_d——单井钻井采油投资,10^4 元;

I_b——单井地面建设投资,10^4 元;

I_e——单井勘探费用,10^4 元;

R——贷款年利率;

T——评价年限,年;

β——油井系数(总井数/油井数);

τ_o——油井年开井时率;

α_o——原油商品率;

L——原油价格,元/t;

O——吨油成本,元/t;

TAX——吨油销售税,元/t;

D_c——评价期内产油量平均递减率。

(2)老井单井日产油量测算。

老井单井日产油量先用采油指数法在保持压力水平情况下计算最大生产压差、最大日产液量、最大日产油量,然后统计老井目前日产液量、日产油量和含水情况。根据以上计算参数,合理确定老生产井单井设计日产油量。老生产井单井设计日产油量原则上不大于最大日产油量,在保持压力水平情况下不小于目前日产油量。

3)单井最大日注水量

参照以下方法确定单井最大日注水量。

第一步:计算理论吸水指数 I_w。

$$I_w = \frac{0.236kh}{\mu_w \lg \frac{r_e}{r_w}} \tag{3-3-23}$$

式中 I_w——理论吸水指数;

k——储层有效渗透率,$10^{-3}\ \mu m^2$;

h——注水井有效厚度,m;

μ_w——地下水黏度,mPa·s;

r_e——供油半径，m；

r_w——井眼半径，m。

第二步：统计矿场实际吸水指数和启动压力。

第三步：根据压力保持水平和最小启动压力，确定最大注水压差。

4）合理注采比

根据不同的天然能量条件，应用物质平衡法测算不同油藏类型的水侵量，研究确定合理注采比。水侵量的计算公式为：

$$W_e = N_p B_o + W_p B_w - W_i B_w - N B_{oi} C_t \Delta p \tag{3-3-24}$$

式中　W_e——天然水侵量，10^4 m³；

　　　N_p——累积产油量，10^4 m³；

　　　W_p——累积产水量，10^4 m³；

　　　W_i——累积注水量，10^4 m³；

　　　N——动态地质储量，10^4 m³；

　　　B_o——地层原油体积系数，m³/m³；

　　　B_w——地层水体积系数，m³/m³；

　　　B_{oi}——原始条件下地层原油体积系数，m³/m³；

　　　Δp——油藏总的平均压降，MPa；

　　　C_t——油藏综合压缩系数，1/MPa。

合理注采比为：

$$IPR = 1 - \frac{W_e}{Q_l} \tag{3-3-25}$$

式中　IPR——合理注采比；

　　　W_e——累积水侵量，10^4 m³；

　　　Q_l——累积产液量，10^4 m³。

根据以上单井产能指标的计算公式，可以确定营 13 东二段油藏的单井产能情况。统计营 13 断块初期 3 口油井试油资料，确定无水采油指数（表 3-3-17），通过计算采油指数求得产能（表 3-3-18）并对近年新井投产及目前单采井生产情况进行分析。可以看到，细分后各套层系均具有一定产能（表 3-3-19）。

表 3-3-17　无水采油指数统计表

井　号	时　间	层　位	厚度/m	日产油/(t·d⁻¹)	静压/MPa	生产压差/MPa	采油指数/(t·d⁻¹·MPa⁻¹)	米采油指数/(t·d⁻¹·MPa⁻¹·m⁻¹)
DXY13-1	1969.05	东二 7⁶	3.8	24.7	19.2	17.8	17.6	4.6
DXY13-12	1968.09	东二 12²	8.4	28.5	24.7	22.0	10.7	1.3
DXY13-2	1967.09	东二 4⁸	5.8	24.0	21.3	20.2	21.6	3.7
DXY13-2	1967.09	东二 3³	13.1	30.0	21.1	20.3	39.0	3.0
DXY13-2	1967.10	东二 1⁴	20.5	22.0	21.9	21.5	51.2	2.5

表 3-3-18　细分后产能计算表

层　系	含油面积 /km²	地质储量 /(10⁴ t)	剩余可采储量 /(10⁴ t)	米采油指数 /(t·d⁻¹·MPa⁻¹·m⁻¹)	生产厚度 /m	生产压差 /MPa	综合含水率 /%	无水米采油指数 /(t·d⁻¹·MPa⁻¹·m⁻¹)	无因次采油指数	产能 /(t·d⁻¹)
东二 1~4	2.09	224	36	0.51	6.5	4.5	80	3.1	0.2	14.9
东二 5~8	1.60	163	11	0.38	6	5.6	90	4.6	0.1	12.8
东二 10~14	0.73	62	5	0.60	8	3.5	35	1.3	0.5	16.8

表 3-3-19　细分后单井产能确定表

层　系	产能计算 /(t·d⁻¹)	补孔改层 /(t·d⁻¹)	新井投产 /(t·d⁻¹)	目前 /(t·d⁻¹)	取值 /(t·d⁻¹)
东二 1~4	14.9	16.9	17.1	6.5	10
东二 5~8	12.8	9.5	9.0	5.2	8
东二 10~14	16.8	13.6	20.4	10.3	12

第四章

营 13 东二段油藏水驱转热采开发调整方案

第一节　营 13 东二段油藏开发调整油藏工程方案

一、开发调整方案设计遵循的原则

营 13 东二段油藏开发调整必须遵循以下原则：

(1) 合理组合开发层系。应使层间干扰的程度减小到最低，充分发挥各类油层的生产潜力。

(2) 要有合理的注采完善井网。要求多向对应率高，有利于强化开采，扩大波及系数，获得较长的稳产期和较高的采收率。

(3) 能够控制和减缓含水上升率，发挥低产水层和区域的潜力，提高驱油效率。

(4) 保证地层能量能满足生产需要。

(5) 要有一套与油藏特点相适应的配套采油工艺地面设施，以确保方案的实施。

(6) 要遵循少投入、多产出的原则，以获取最佳的经济效益和较高的采收率。

结合营 13 东二段油藏开发特点，该油藏实施水驱转热采开发调整方案的设计原则为：

(1) 立足于蒸汽吞吐开发方式。

(2) 以营 13 断块东二段主力层为主，兼顾其次主力层。

(3) 立足于水平井，局部考虑定向井挖潜，提高储量动用率。

(4) 避开注水主流线和老井水淹区域，水平井平行于构造非井间流线上加密，水平井距老井距离视老井的采出程度而定，一般在 100 m 以上。

从以上分析可以看出，营 13 东二段稠油油藏水驱转热采开发调整主要以基于主力、兼顾次主力油层，立足于水平井加密的方式调整，所以在方案设计过程中主要以井网部署为主。

二、营 13 东二段油藏开发调整方案部署

依据营 13 东二段油藏开发调整井网部署原则，部署了营 13 断块东二段油藏开发的调整方案井位（表 4-1-1，图 4-1-1～图 4-1-4）。东二 2^{2-1} 层加密水平井 5 口，东二 2^{2-2} 层加密水平井 7 口，东二 2^{3-1} 层加密水平井 5 口，东二 3^{1-2} 层加密水平井 5 口，东二 3^2 层加密水平井 2 口，东二 4^6 层加密水平井 1 口。另外，在营 13-3 断块加密 1 口直井，可钻遇东二 2^{2-1}、东二 2^{2-2}、东二 3^{1-2}、东二 3^{1-3}、东二 3^2、东二 4^4、东二 4^4、东二 4^6 等 8 个小层。

表 4-1-1　营 13 断块调整工作量部署表

断　　块	开发层系	新钻井工作量					
		油井/口	其中水平井/口	其中直钻井/口	水井/口	油水井合计/口	进尺/(10⁴ m)
营 13	东二 1~4	26	25	1	0	26	4

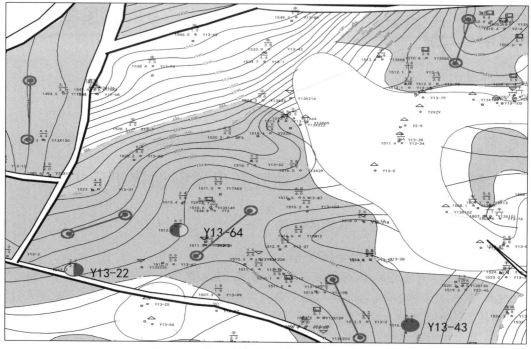

图 4-1-1　营 13 断块东二 2²⁻¹ 小层井网部署图

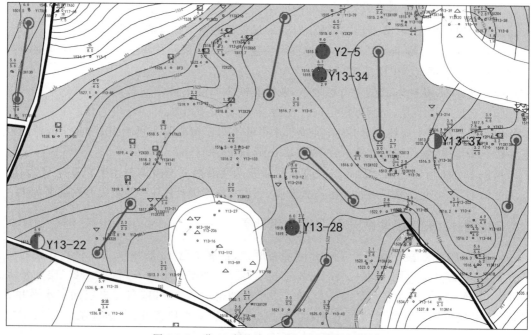

图 4-1-2　营 13 断块东二 2²⁻² 小层井网部署图

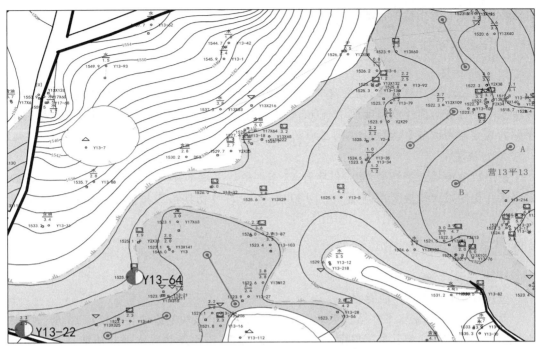

图 4-1-3 营 13 断块东二 2$^{3-1}$ 小层井网部署图

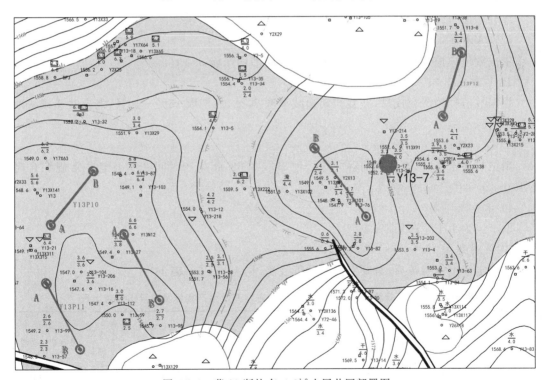

图 4-1-4 营 13 断块东二 3$^{1-2}$ 小层井网部署图

三、营 13 东二段油藏开发调整参数指标预测

在营 13 东二段油藏基于主力、兼顾次主力油层的分层系井网开发调整基础上，开展注

采参数和油藏开发指标的预测。

1. 注采参数预测

1) 注汽强度

按照数值模拟计算结果,结合营 13 东一段构造高部位热采水平井现场实际生产情况,该块水平井吞吐阶段注汽强度取 10 t/m,每周期注汽 2 000 t 左右;直井的周期注汽量按水平井的 0.6 左右取值,大约每周期 1 200 t。

2) 排液量

按照数值模拟计算结果,同时借鉴营 13 东一段热采水平井的开发经验,营 13 东二段热采水平井初期最大排液量控制在 30 t/d 以内,热采直井初期最大排液量控制在 20 t/d 以内。

2. 开发指标预测

1) 单井日产油

(1) 热采水平井日产油能力。

营 13 东一段热采水平井第一年平均日产油 8.3 t/d,该块的原油黏度较营 13 东二段要小,是它的一半左右,但其油层厚度小。按此比例折算,该块新热采水平井初期日产油能力大约为 8.0 t/d。

综合考虑,该块新热采水平井初期日产油能力取 8.0 t/d。

(2) 热采直井日产油能力。

依据数值模拟计算结果,新钻热采直井初期平均产能 5.0 t/d。

2) 年递减率

根据数值模拟研究成果,新井初期递减率取 20%,后期取 15%~10%;老直井递减率取 10%~5%。

3) 综合时率

新钻热采水平井、直井稠油吞吐综合时率取 0.68,年生产时间 250 d;老井常规综合时率取 0.82,年生产时间 300 d。

4) 年生产周期

取 1 年为 1 个生产周期。

5) 预测结果

在确定了上述参数后,对开发指标进行预测,见表 4-1-2~表 4-1-5。

表 4-1-2　营 13 断块东二段油藏开发调整方案开发生产指标及效果指标对比表

断　块	开发层系		开油井/口	开水井/口	日液能力/(t·d⁻¹)	日油能力/(t·d⁻¹)	综合含水率/%	月注采比	年产油量/(10⁴ t)	新井产能/(t·d⁻¹)		新增产能/(10⁴ t)	可采储量/(10⁴ t)	采收率/%	15 年累增产油/(10⁴ t)
										直 井	水平井				
营 13	东二 1~4	调前	12	0	204	30	85.3	0	0.9	—	—	—	47.0	10.7	—
		调后	38	0	463	166	64.4	0	6.0	5	8	4.2	78.6	17.9	31.3

表 4-1-3 营 13 断块东二段油藏开发不调整(无项目)方案 15 年指标综合测算表

时间/年	油井数/口	年产油量	年产液量	累积产油量	采油速度	采出程度
	直　井	/(10⁴ t)	/(10⁴ t)	/(10⁴ t)	/%	/%
				24.4		5.56
1	12	0.90	6.1	25.3	0.21	5.76
2	12	0.86	6.3	26.2	0.19	5.96
3	12	0.81	6.4	27.0	0.19	6.14
4	12	0.77	6.6	27.7	0.18	6.32
5	12	0.73	6.7	28.5	0.17	6.49
6	12	0.67	6.6	29.1	0.15	6.64
7	12	0.62	6.5	29.8	0.14	6.78
8	12	0.57	6.4	30.3	0.13	6.91
9	12	0.53	6.3	30.9	0.12	7.03
10	12	0.48	6.1	31.3	0.11	7.14
11	12	0.44	6.1	31.8	0.10	7.24
12	12	0.41	6.0	32.2	0.09	7.33
13	12	0.38	6.0	32.6	0.09	7.42
14	12	0.35	5.9	32.9	0.08	7.50
15	12	0.32	5.7	33.2	0.07	7.57

表 4-1-4 营 13 断块东二段油藏开发调整后(有项目)方案开发指标

时间/年	投产井数/口		开发方式	年注汽量	年产油量	年产液量	油汽比	采油速度	采出程度
	水平井	直　井		/(10⁴ m³)	/(10⁴ t)	/(10⁴ t)	/(m³·m⁻³)	/%	/%
		12			24.4				5.56
1	25	13		5.1	6.0	16.9	1.20	1.37	6.93
2	25	13		5.1	5.0	19.3	1.00	1.13	8.06
3	25	13		5.1	4.2	21.9	0.82	0.95	9.01
4	25	13		5.1	3.6	23.0	0.71	0.83	9.84
5	25	13		5.1	3.2	23.8	0.62	0.72	10.56
6	25	13	新井吞吐	5.1	2.8	23.9	0.55	0.64	11.20
7	25	13	＋	5.1	2.5	23.6	0.49	0.57	11.77
8	25	13	老井常规	5.1	2.2	23.3	0.44	0.51	12.27
9	25	13		5.1	2.0	23.1	0.40	0.46	12.73
10	25	13		5.1	1.8	22.9	0.36	0.42	13.15
11	25	13		5.1	1.7	22.2	0.32	0.38	13.53
12	25			5.1	1.5	21.8	0.29	0.34	13.87

续表

时间/年	投产井数/口		开发方式	年注汽量 /(10⁴ m³)	年产油量 /(10⁴ t)	年产液量 /(10⁴ t)	油汽比 /(m³·m⁻³)	采油速度 /%	采出程度 /%
	水平井	直井							
13	25	13	新井吞吐 ＋ 老井常规	5.1	1.4	20.6	0.27	0.31	14.17
14	25	13		5.1	1.2	19.6	0.24	0.28	14.45
15	25	13		5.1	1.1	18.7	0.22	0.25	14.71
合　计				76.5	40.2	324.6			14.71

表 4-1-5　营 13 断块东二段油藏开发调整后(有项目)方案新增开发指标

时间 /年	投产井数/口		开发方式	年注汽量 /(10⁴ m³)	年产油量 /(10⁴ t)	年产液量 /(10⁴ t)	含水率 /%	油汽比 /(m³·m⁻³)	采油速度 /%	采出程度 /%
	水平井	直井								
1	25	1	蒸汽吞吐	5.1	5.1	10.8	52.5	1.00	1.17	1.17
2	25	1		5.1	4.1	13.0	68.5	0.80	0.93	2.10
3	25	1		5.1	3.4	15.4	78.2	0.66	0.77	2.87
4	25	1		5.1	2.9	16.4	82.6	0.56	0.65	3.52
5	25	1		5.1	2.4	17.1	85.8	0.48	0.55	4.07
6	25	1		5.1	2.1	17.2	87.6	0.42	0.49	4.56
7	25	1		5.1	1.9	17.1	89.0	0.37	0.43	4.99
8	25	1		5.1	1.7	16.9	90.2	0.32	0.38	5.36
9	25	1		5.1	1.5	16.7	91.1	0.29	0.34	5.70
10	25	1		5.1	1.3	16.8	92.0	0.26	0.31	6.01
11	25	1		5.1	1.2	16.1	92.5	0.24	0.27	6.28
12	25	1		5.1	1.1	15.7	93.1	0.21	0.25	6.53
13	25	1		5.1	1.0	14.6	93.3	0.19	0.22	6.75
14	25	1		5.1	0.9	13.7	93.6	0.17	0.20	6.95
15	25	1		5.1	0.8	13.0	93.9	0.16	0.18	7.13
合　计				76.5	31.4	230.5				7.13

营 13 断块东二段油藏开发加密调整后新钻水平井 25 口,直井 1 口,前 3 年平均新增产能 4.2×10^4 t,15 年累积增产油 31.4×10^4 t,采收率提高 7.13%。

3. 方案实施要求

(1)营 13 东二段油藏开发首先投产主力层物性较好区域的水平井,再根据生产状况选择投产非主力层的水平井。

(2)钻井过程中要注意油层保护,防止钻井液漏失、污染油层、水泥返至地面。

(3)注采参数严格按方案设计要求实施,保证注入蒸汽质量。

(4)建立完善的动态监测系统,取全、取准各项资料。

(5)及时跟踪分析,发现问题及时调整。

（6）由于本区块目的层储层为岩性疏松，完井时需采取必要的防砂措施。

（7）营 13 东二段采用直径为 177.8 mm 的油层套管热采完井。

4．动态监测

营 13 东二段油藏水驱转热采开发调整需要对相关工作实施监测（表 4-1-6）。

（1）为进一步了解纵向上剩余油的分布状况及驱油状况，在选取层系较多的井上进行饱和度测井。

（2）为了解压力分布状况，在常规压力监测的基础上，在平面上选取有代表性的、能控制工区的井点进行定点压力测试。

（3）为了解随着油田开发原油物性的变化情况，选取有代表性的井点，定期对油样进行物性分析。

（4）为进一步落实构造，对于构造复杂部位的部分直井测陀螺。

表 4-1-6 营 13 东二段油藏监测工作量统计表

层 系	项 目		井数/口	井 号
东二 1～4	地层压力	油 井	10	DXY13-22，DXY13-28，DXY13-34，DXY13-37，DXY13-43，DXY13-59，DXY13-64，DXY13-8，DXY13-99，DXY13X143
		水 井	—	—
	吸水剖面		—	—
	产液剖面		—	—
	工程测井		1	DXY13-57
	饱和度测井		3	DXDXY13X60，DXY13X61，DXDXY13-16
	合 计		14	—

第二节 营 13 东二段油藏油层保护工艺

油气层保护的目的是保证在油井各项工程技术措施实施过程中，储层内流体的渗流阻力不会再增加。否则，油气层就会受到伤害，其后果会影响新探区和新油气层的发现以及油气井的产量，从而给石油勘探开发带来巨大的经济损失。因此，保护油气层不受伤害是十分重要的。

根据室内岩心实验结果，本区黏土含量为 15%～38%，含量较高，且黏土中伊/蒙混层比在 70%以上，具有较强的水敏性。防止黏土膨胀造成的水敏伤害是本区油层保护的重点。为此，要求注汽前采用防膨剂进行储层预处理，作业过程中的各种入井液中要适当添加防膨剂，同时在施工前要进行配伍性试验，防止对储层造成二次污染。

一、储层伤害因素分析

油层在钻井、完井、防砂、注汽、采油、修井的各个作业环节都会受到不同程度的污染和伤害，为了防止油层污染，保护好油层，首先必须全面认识储集层的性质和特征，然后在此基础上研究各个作业环节的损害因素和油层保护工艺措施。

营 13 断块东二段具有较强的水敏性,因此在其稠油开发过程中储层主要的伤害类型有两类:一类为储层黏土矿物水敏膨胀,堵塞渗流通道;另一类为外来流体与地层原油接触,使原油或原油与外来流体的混合液体的黏度发生变化,从而影响地层流体的渗透性。在开发过程中,防止油层伤害,保护油藏资源,最大限度地发挥油层的生产能力,对于该区块的持续、高效开发具有十分重要的意义。

二、高效防膨剂筛选

由于相邻区块的黏土含量较高,储层存在水敏伤害因素,防止入井液伤害的重点是在作业过程中如何提高入井液的防膨性能,防止储层黏土矿物膨胀运移而伤害储层。根据室内评价,目前用于作业及各种措施工作液防膨的常温黏土防膨剂耐冲刷能力差,不能满足该类油藏完井作业过程中用于射孔、作业入井液的防膨需要。因此,针对水敏性稠油油藏储层伤害的机理,筛选出了高效黏土防膨剂 XFP,在常温和高温下均可以很好地防止黏土矿物的膨胀,确保储层的渗透性能。

1. 防膨性能评价

由于储层存在水敏感性的潜在因素,开展防膨技术对于提高该区块的热采开发效果十分重要。黏土防膨剂主要通过三个机理起作用:一是中和或减少黏土表面的负电性;二是与黏土表面的羟基作用,使它变成亲油表面;三是通过矿物类型的变换,将蒙脱石转变为不膨胀型的黏土矿物。为适应钻井、完井及作业过程防膨的需要,必须应用常温防膨剂;为适应热采开发的需要,必须开展高温防膨剂的应用。新型防膨剂 XFP 具有很好的耐温性,既可用作常温防膨剂也可用作高温防膨剂。

由耐温性实验、配伍性试验、静态评价实验、耐酸碱实验得知,XFP 具有防膨率高、防膨效果持久、配伍性良好、耐高温、耐酸碱等特点。将防膨剂 XFP 与常用的一些防膨剂在同等条件下进行了比较,进一步考察其性能。根据防膨剂的一般使用浓度,将防膨剂配制成 3% 的溶液,考察其在常温、高温下的防膨率及耐水洗性能。

表 4-2-1、表 4-2-2 分别为常温和 300 ℃时不同防膨剂的防膨实验结果。由表可知,防膨率以 XFP 最高,另外 NaOH,KCl 和 NH_4Cl 在常温下也表现出很高的防膨率,STF-1 和 FP 在常温下的防膨率极低,防膨效果不好。

表 4-2-1　常温下不同防膨剂的防膨效果对比

防膨剂种类	XFP	STF-1	FP	BY-BA$_3$	CH$_3$COOK	KCl	NH$_4$Cl	NaCl	NaOH
体积/mL	5.5	45.5	31.5	12.1	11.7	6.7	11.4	8.5	6.7
防膨率/%	96	32	54.4	85.44	86.08	94.08	86.56	91.2	94.1

表 4-2-2　300 ℃时不同防膨剂的防膨效果对比

防膨剂种类	XFP	STF-1	FP	BY-BA$_3$	CH$_3$COOK	KCl	NH$_4$Cl	NaCl	NaOH
体积/mL	4.5	16.6	10.5	20.0	11.8	11.0	11.6	10.5	12.5
防膨率/%	97.6	78.24	88	72.8	85.92	87.2	86.24	88	84.8

2. 耐水洗性能评价

实验选取防膨率较高的几种防膨剂进行耐水洗性能考察,实验结果如图 4-2-1 所示。由图可知,XFP 经过 6 次水洗后,防膨率几乎不变,仍然保持在 95.68%,防膨效果最好。BY-BA$_3$ 的耐水洗性能较差,无机盐类防膨剂 KCl 和 NH$_4$Cl 虽然防膨能力较强,但防膨效果也不够持久且不能防止微粒的分散运移。CH$_3$COOK 的防膨效果相对较好,仅次于 XFP 而好于其他防膨剂。

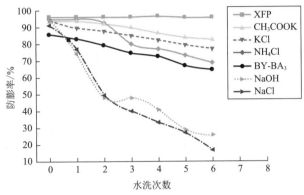

图 4-2-1 不同防膨剂的耐水洗性能比较

通过上述对比分析可以看出,XFP 是一种高效防膨剂,在常温和高温下的防膨率均达到 95% 以上,同时具有很强的耐水洗能力,能够满足方案区防膨的要求,因此选取该防膨剂作为该块作业、油层预处理的添加剂。

三、开发全过程的油层保护

1. 钻井过程中的油层保护措施及要求

(1)采用近平衡钻井。

(2)推荐采用聚合物润滑钻井液体系。

(3)要求控制钻井液 API 滤失量小于等于 5 mL,滤液必须与地层岩石、地层流体配伍性好。

(4)加强固控设备的使用和维护,控制无用固相含量和含砂量,目的层钻进总固相含量不超过 10%,含砂量不超过 0.3%。

2. 固井过程中的油层保护措施及要求

(1)要求采用耐高温水泥固井,油层固井水泥中加入 30%～40% 的石英砂作为热稳定剂;水泥返高至井口。

(2)套管采取扶正措施,套管居中度大于 80%;使用高温高压套管密封脂。

(3)固井的前置液、隔离液、地层水应相互配伍,且与水泥浆相容。

3. 洗井酸化过程中的油层保护

(1)进行储层、地层水、洗井液与酸液的配伍性试验。

（2）进行钻井液对岩心的堵塞实验以及酸液解堵实验，要求所选酸液解堵率大于等于80%。

4. 注汽、采油过程中的油层保护措施

（1）注汽前注入防膨剂；作业过程中的各种入井液与地层要有良好的配伍性，施工前开展配伍性试验。

（2）作业过程中的各种入井液采用本地区达标热污水，要求入井液温度大于 70 ℃，适当添加防膨剂。

第三节　营 13 东二段油藏开发调整钻、完井工程方案

一、井眼轨道优化设计

1. 井眼轨道优化原则

井眼轨道的优化主要是对轨道参数的优选，包括造斜点、最大井斜角、造斜率等。选择参数时要遵循以下原则：

（1）根据油田勘探、开发部署的要求，保证实现钻井目的。

（2）根据油田的构造特征、油气产状，应有利于提高油气产量，提高投资效益。

（3）在满足钻井目的的前提下，应尽可能选择比较简单的轨道类型，以利于安全、快速钻井。

（4）造斜点一般选在比较稳定的地层，避免在岩石破碎带、漏失地层、流沙层等地层，以免出现井下复杂情况而影响定向施工。

2. 井眼轨道优化设计

在进行井眼轨道优化设计时，需考虑：

1）轨道类型

根据采油工艺的要求，井眼轨道设计应尽可能平滑。实际设计中还需考虑其他影响因素。

水平井轨道类型可选用技术成熟、易于实现、工具配套且井眼轨道简单、平滑的直-增-平、定向井直-增-稳三段制轨道类型，既能有效地完成地质目的，又能最大限度地降低施工难度。

2）全角变化率

考虑采油工艺的要求，不影响采油工具的下入和管材的抗弯能力；考虑地层特性的影响因素，如地层倾角、地层的各向异性、井径扩大等；考虑动力钻具的造斜能力；考虑施工周期和钻井成本。水平井全角变化率小于等于 25°/100 m，定向井全角变化率小于等于 15°/100 m。

3）造斜点

（1）降低造斜点，使造斜段井眼稳定，有利于下部钻井施工，同时满足采油工艺对井眼轨道的要求。

（2）同层面相邻井造斜点相互错开，大位移采用浅造斜点，小位移采用深造斜点。

4）井眼轨道设计

井眼轨道设计（表 4-3-1～表 4-3-3）具体执行标准为《定向井轨道设计与轨迹计算》（SY/T 5435—2012）。

表 4-3-1 东辛油田营 13 块轨道模拟简表

井 型	靶点 A 垂深/m	靶点 B 垂深/m	井底斜深/m	造斜率 /[(°)·(100 m)$^{-1}$]	造斜点 /m	造斜终点斜深/m	最大井斜角 /(°)	井底位移 /m	备 注
定向井	1 515	1 690	1 842.22	15.0	1 110.14	1 353.78	36.55	365.91	1 口
水平井	1 520	1 520	1 868.70	21.0	1 240.00	1 678.70	90.00	470.00	25 口

由于没有具体靶点坐标及井口坐标，井眼轨道设计为模拟数据，另外 24 口水平井也按照营 13-平 26 模拟轨道计算。

表 4-3-2 定向井轨道设计模拟数据

井号：营 13-斜 148 　　　　　　　　　　　　　　　　轨道类型：直-增-稳

井底垂深/m	井底闭合距/m	井底闭合方位/(°)	造斜点/m	最大井斜角/(°)
1 730.00	365.91	153.44	1 110.14	36.55
磁倾角/(°)	磁场强度/μT	磁偏角/(°)	收敛角/(°)	方位修正角/(°)
55.43	52.74	−6.47	0.91	−7.38

井口：X = 4 152 416.02　Y = 20 632 805.12

靶点 A　X = 4 152 230　Y = 20 632 895　垂深：1 515 m　闭合距：206.60 m　闭合方位：154.21°　靶半径：15 m

靶点 B　X = 4 152 115　Y = 20 632 955　垂深：1 690 m　闭合距：336.27 m　闭合方位：153.53°　靶半径：15 m

轨道参数									
井深 /m	井斜角 /(°)	方位角 /(°)	垂深 /m	水平位移 /m	南北 /m	东西 /m	狗腿度 /[(°)·(100 m)$^{-1}$]	工具面 /(°)	靶 点
0.00	0.00	0	0.00	0.00	0.00	0.00	0.00	0.00	
1 110.14	0.00	154.21	1 110.14	0.00	0.00	0.00	0.00	0.00	
1 353.78	36.55	154.21	1 337.60	75.10	−67.62	32.67	15.00	0.00	
1 574.60	36.55	152.45	1 515.00	206.60	−186.02	89.88	0.00	0.00	A
1 792.43	36.55	152.45	1 690.00	336.27	−301.02	149.88	0.00	0.00	B
1 842.22	36.55	152.45	1 730.00	365.91	−327.31	163.59	0.00	0.00	

轨道设计各点数据											
井深 /m	井斜角 /(°)	方位角 /(°)	闭合方位 /(°)	垂深 /m	闭合距 /m	南北 /m	东西 /m	造斜率 /[(°)·(100 m)$^{-1}$]	方位变化率 /[(°)·(100 m)$^{-1}$]	狗腿度 /[(°)·(100 m)$^{-1}$]	工具面 /(°)
0.00	0.00	154.21	0.00	0.00	0.00	0.00	0.00	0.00	0.00	0.00	0.00
1 110.14	0.00	154.21	0.00	1 110.14	0.00	0.00	0.00	0.00	0.00	0.00	0.00
1 150.14	6.00	154.21	154.21	1 150.07	2.09	−1.88	0.91	15.00	0.00	15.00	0.00

续表

井深 /m	井斜角 /(°)	方位角 /(°)	闭合方位 /(°)	垂深 /m	闭合距 /m	南北 /m	东西 /m	造斜率 /[(°)· (100 m)⁻¹]	方位变化率 /[(°)· (100 m)⁻¹]	狗腿度 /[(°)· (100 m)⁻¹]	工具面 /(°)
1 190.14	12.00	154.21	154.21	1 189.56	8.35	−7.52	3.63	15.00	0.00	15.00	0.00
1 230.14	18.00	154.21	154.21	1 228.18	18.70	−16.83	8.13	15.00	0.00	15.00	0.00
1 270.14	24.00	154.21	154.21	1 265.51	33.02	−29.73	14.37	15.00	0.00	15.00	0.00
1 310.14	30.00	154.21	154.21	1 301.13	51.17	−46.08	22.26	15.00	0.00	15.00	0.00
1 353.78	36.55	154.21	154.21	1 337.60	75.10	−67.62	32.67	15.00	0.00	15.00	0.00
1 574.60	36.55	152.45	154.21	1 515.00	206.60	−186.02	89.88	0.00	0.00	0.00	0.00
1 674.60	36.55	152.45	153.82	1 595.34	266.12	−238.81	117.42	0.00	0.00	0.00	0.00
1 792.43	36.55	152.45	153.53	1 690.00	336.27	−301.02	149.88	0.00	0.00	0.00	0.00
1 842.22	36.55	152.45	153.44	1 730.00	365.91	−327.31	163.59	0.00	0.00	0.00	0.00

表 4-3-3 水平井轨道设计数据

井号:营 13-平 26 轨道类型:直-增-平 井深:1 868.70 m

井底垂深/m	井底闭合距/m	井底闭合方位/(°)	造斜点/m	最大井斜角/(°)
1 520.00	470.00	0.00	1 240.00	90.00

靶点 A	X = 280	Y = 0	垂深:1 520 m	闭合距:280 m	闭合方位:0.00°	靶半高:1 m	靶半宽:10 m
靶点 B	X = 455	Y = 0	垂深:1 520 m	闭合距:455 m	闭合方位:0.00°	靶半高:1 m	靶半宽:10 m

轨道参数									
井深 /m	井斜角 /(°)	方位角 /(°)	垂深 /m	水平位移 /m	南北 /m	东西 /m	狗腿度 /[(°)· (100 m)⁻¹]	工具面 /(°)	靶 点
0.00	0.00	0	0.00	0.00	0.00	0.00	0.00	0.00	
1 240.00	0.00	0.00	1 240.00	0.00	0.00	0.00	0.00	0.00	
1 454.28	45.00	0.00	1 432.92	79.91	79.91	0.00	21.00	0.00	
1 464.41	45.00	0.00	1 440.09	87.07	87.07	0.00	0.00	0.00	
1 678.70	90.00	0.00	1 520.00	280.00	280.00	0.00	21.00	0.00	A
1 853.70	90.00	0.00	1 520.00	455.00	455.00	0.00	0.00	0.00	B
1 868.70	90.00	0.00	1 520.00	470.00	470.00	0.00	0.00	0.00	

轨道各点数据										
井深 /m	井斜角 /(°)	方位角 /(°)	闭合方位 /(°)	垂深 /m	闭合距 /m	南北 /m	东西 /m	造斜率 /[(°)· (100 m)⁻¹]	方位变化率 /[(°)· (100 m)⁻¹]	狗腿度 /[(°)· (100 m)⁻¹]	工具面 /(°)
0.00	0.00	0.00	0.00	0.00	0.00	0.00	0.00	0.00	0.00	0.00	0.00
1 240.00	0.00	0.00	0.00	1 240.00	0.00	0.00	0.00	0.00	0.00	0.00	0.00

井深 /m	井斜角 /(°)	方位角 /(°)	闭合方位 /(°)	垂深 /m	闭合距 /m	南北 /m	东西 /m	造斜率 /[(°)· (100 m)$^{-1}$]	方位变化率 /[(°)· (100 m)$^{-1}$]	狗腿度 /[(°)· (100 m)$^{-1}$]	工具面 /(°)
1 280.00	8.40	0.00	0.00	1 279.86	2.93	2.93	0.00	21.00	0.00	21.00	0.00
1 320.00	16.80	0.00	0.00	1 318.86	11.64	11.64	0.00	21.00	0.00	21.00	0.00
1 360.00	25.20	0.00	0.00	1 356.17	25.97	25.97	0.00	21.00	0.00	21.00	0.00
1 400.00	33.60	0.00	0.00	1 390.99	45.59	45.59	0.00	21.00	0.00	21.00	0.00
1 440.00	42.00	0.00	0.00	1 422.56	70.08	70.08	0.00	20.99	0.00	21.00	0.00
1 454.28	45.00	0.00	0.00	1 432.92	79.91	79.91	0.00	21.00	0.00	21.00	0.00
1 464.41	45.00	0.00	0.00	1 440.09	87.07	87.07	0.00	0.00	0.00	0.00	0.00
1 504.41	53.40	0.00	0.00	1 466.20	117.33	117.33	0.00	21.00	0.00	21.00	0.00
1 544.41	61.80	0.00	0.00	1 487.61	151.07	151.07	0.00	20.99	0.00	21.00	0.00
1 584.41	70.20	0.00	0.00	1 503.87	187.58	187.58	0.00	20.99	0.00	21.00	0.00
1 624.41	78.60	0.00	0.00	1 514.62	226.07	226.07	0.00	20.99	0.00	21.00	0.00
1 664.41	87.00	0.00	0.00	1 519.63	265.72	265.72	0.00	20.99	0.00	21.00	0.00
1 678.70	90.00	0.00	0.00	1 520.00	280.00	280.00	0.00	20.99	0.00	21.00	0.00
1 778.70	90.00	0.00	0.00	1 520.00	380.00	380.00	0.00	0.00	0.00	0.00	0.00
1 853.70	90.00	0.00	0.00	1 520.00	455.00	455.00	0.00	0.00	0.00	0.00	0.00
1 868.70	90.00	0.00	0.00	1520.00	470.00	470.00	0.00	0.00	0.00	0.00	0.00

注:留 15 m 口袋。

二、井身结构优化设计

井身结构设计执行标准《井身结构设计方法》(SY/T 5431—2008)、《钻井井身质量控制规范》(SY/T 5088—2008)。

1. 井身结构设计的主要原则

(1) 科学有效地保护和发现油气层,以利于实现地质目的。

(2) 避免"喷、漏、塌、卡"等复杂情况产生,为全井顺利钻井、试油(气)、开采创造条件。

(3) 钻头、套管及主要工具易配套,以利于生产组织运行。

(4) 有利于井眼轨迹控制,有利于精确中靶。

(5) 体现井身结构设计的科学性与先进性,在保证安全钻井的前提下确保钻井成本经济合理。

2. 井身结构优化设计

根据区块自身特点,结合相关标准,按照井身结构设计的原则,在满足钻井施工、采油工艺以及油藏产能指标的前提下提出多套井身结构,从经济性、可行性角度进行比对,确定最优井身结构。

确定套管层次及下深时主要考虑以下几个方面：

（1）下套管过程中，井内钻井液液柱压力与地层压力之间的差值不致产生压差卡套管事故。

（2）当发生溢流时，应具有压井处理溢流的能力，在井涌压井时不压漏地层。

（3）依据钻井地质设计和邻井钻井有关资料制定，优化设计时层次与深度留有余地。

3. 井身结构的确定

东营组东二段多为灰绿色含砾砂岩、灰色粗砂岩、灰色细砂岩、灰色粉细砂岩及杂色泥岩，常见平行层理、波状层理、冲刷面等沉积构造，部分岩心可见生物介壳和植物碳屑。营 13 断块东二段目前地面原油密度为 0.94 g/cm^3，地面原油黏度为 $1\,148 \text{ mPa·s}$，地下原油黏度为 105 mPa·s，原油具有高密度、高黏度的特征。营 13 断块东二段原始地层压力为 15.4 MPa，地层温度为 70 ℃，地温梯度为 4.4 ℃/100 m，油藏类型为常温常压类型。借鉴自上而下的设计理念进行井身结构设计，并借鉴钻遇相似储层的邻近井的实际井身结构，进行井身结构设计：

（1）定向井井身结构：一开使用 $\varPhi 339.7 \text{ mm}$ 表层套管，下深 330 m；二开使用 $\varPhi 177.8 \text{ mm}$ 套管，下深至油层。

对于油水关系复杂、夹层分布不稳定区域的 4 口水平井，采用套管完井；对于水淹程度差异大、距内油水边界 $175 \sim 200 \text{ m}$ 的 2 口水平井，采用套管完井；其余 19 口水平井采用精密滤砂管完井，其中油水关系比较复杂的水平井，采用分段完井。

（2）水平井井身结构如下：

① 下套管井的井身结构：一开使用 $\varPhi 339.7 \text{ mm}$ 表层套管，下深 350 m；二开使用 $\varPhi 177.8 \text{ mm}$ 套管，下深至油层。

② 下精密滤砂管井的井身结构：一开使用 $\varPhi 339.7 \text{ mm}$ 表层套管，下深 350 m；二开上部井段使用 $\varPhi 177.8 \text{ mm}$ 套管，下深至油层，水平段采用 $\varPhi 177.8 \text{ mm}$ 精密滤砂管。

4. 井身结构设计方案

井身结构设计见表 4-3-4。

表 4-3-4　井身结构设计表

井　型		开钻次序	井深/m	钻头尺寸/mm	套管尺寸/mm	套管下深/m	水泥封固段/m	备注
定向井		一　开	331	$\varPhi 444.5$	$\varPhi 339.7$	330	0～331	
		二　开	1 842.22	$\varPhi 241.3$	$\varPhi 177.8$	1 839.22	0～1 842	
水平井	精密滤砂管完井	一　开	351	$\varPhi 444.5$	$\varPhi 339.7$	350	0～351	
		二　开	1 868.70	$\varPhi 241.3$	$\varPhi 177.8$	0～1 678（套管）＋1 678～1 865（精密滤砂管）	0～1 678	
	套管完井	一　开	351	$\varPhi 444.5$	$\varPhi 339.7$	350	0～351	
		二　开	1 868.70	$\varPhi 241.3$	$\varPhi 177.8$	1 865.70	0～1 866	

5. 井身结构示意图

1) 定向井井身结构

定向井井身结构如图 4-3-1 所示。

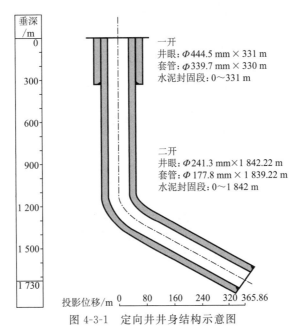

图 4-3-1　定向井井身结构示意图

2) 水平井井身结构

水平井井身结构如图 4-3-2、图 4-3-3 所示。

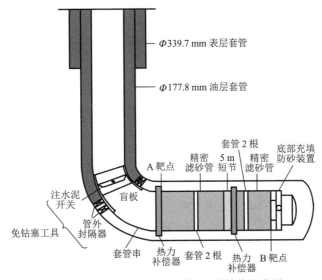

图 4-3-2　水平井(精密滤砂管)井身结构示意图

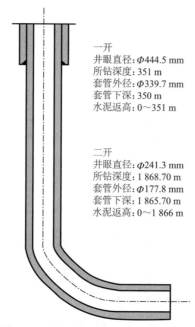

一开
井眼直径:Φ444.5 mm
所钻深度:351 m
套管外径:Φ339.7 mm
套管下深:350 m
水泥返高:0~351 m

二开
井眼直径:Φ241.3 mm
所钻深度:1 868.70 m
套管外径:Φ177.8 mm
套管下深:1 865.70 m
水泥返高:0~1 866 m

图 4-3-3　水平井(套管)井身结构示意图

三、钻井液

1. 钻井液体系

上部地层黏土含量高,易造浆,钻井液的主要任务是抑制地层黏土造浆、携带岩屑和防止井眼缩径,满足快速钻进的需要,因此采用抑制性聚合物钻井液体系。储层段要求钻井液具有较强的抑制性,满足油气层保护要求,推荐采用甲基葡萄糖苷钻井液。钻井液体系见表 4-3-5。

表 4-3-5　钻井液体系表

开　次	分　段	钻井液类型
一　开	一开井段	膨润土浆
二　开	储层段前	抑制性聚合物钻井液
	储层段	甲基葡萄糖苷钻井液

2. 钻井液主要性能

钻井液主要性能见表 4-3-6。

表 4-3-6　钻井液主要性能参数表

项　目　＼　井　段	一　开	二　开		
		直井段	斜井段	水平段
密度/(g·cm^{-3})	1.05~1.10	1.05~1.10	1.10~1.15	1.15~1.20
马氏漏斗黏度/s	40~60	30~40	35~45	50~70
API 滤失量/mL		15	<5	≤5

井 段 项 目	一 开	二 开		
		直井段	斜井段	水平段
API 泥饼厚度/mm		1.5	＜0.5	＜0.5
静切力/Pa			1～3/2～6	2～5/4～12
pH			8～9	10～11
含砂量/%			0.5	＜0.3
总固含量/%			10	＜14
摩阻系数			0.1	＜0.05
动切力/Pa			4～8	6～10
塑性黏度/(mPa·s)			10～20	15～25
膨润土含量/(g·L⁻¹)	40～60			

注：钻井施工中钻井液密度等性能根据井下实际情况适当调整。

3.钻井液基本配方

钻井液基本配方见表 4-3-7。

表 4-3-7　钻井液基本配方表

分段加量 材料名称	加量/(kg·m⁻³)		
	一开井段	二开井段	
		定向井	水平井
膨润土	40～60		
纯　碱	3～5		
聚丙烯酰胺干粉(PAM)		2～3	2～3
羧甲基纤维素钠盐(MV-CMC)	1～3		
铵盐(NPAN)		5～10	5～10
原　油		50～100	80～150
聚合物降虑失剂		10～15	10～15
KFT		15～20	15～20
MEG 晶体		30～50	30～50
其他：固体润滑剂、加重剂等。			

4.钻井液维护处理重点措施

（1）在造斜点之前严格控制好膨润土含量，以 5%～10% 的加量均匀地混入原油并充分乳化好，配合加入固体润滑剂，使钻井液具有良好的润滑防卡性能。

（2）按配方加足各种处理剂，调整好钻井液性能，保证钻井液充分携砂、防塌、防卡。

（3）振动筛、除砂器、除泥器等与钻井泵同步运转，严格控制钻井液中的劣质固相含量和低密度固相含量。根据需要，有效使用离心机。

（4）钻进至距油层 100 m 前，调整好钻井液性能。将钻井液转化为 MEG 钻井液体系，用 MEG 钻井液钻完下部井段。转化及维护措施如下：保持适当循环量的钻井液，及时补充降滤失剂等处理剂，调整好钻井液性能，将 pH 调至 10～11；循环均匀后，加入 MEG 钻井液，控制加入速度，用铵盐调节钻井液流变性；加 MEG 钻井液至设计含量，调整钻井液性能至设计要求。

5. 钻井液材料消耗计划（单井）

钻井液材料消耗计划（单井）见表 4-3-8。

表 4-3-8　钻井液材料消耗表

钻井液名称及代号	用量/t	
	定向井	水平井
羧甲基纤维素钠盐(MV-CMC)	0.2	0.2
聚丙烯酰胺干粉(PAM)	1.2	1.5
烧　碱	1.5	2.5
铵盐(NPAN)	2	2
原　油	15	20
固体乳化剂	0.5	0.4
聚合物降滤失剂	4	5
KFT	3	4
固体润滑剂	—	2
甲基葡萄糖苷	10	10
膨润土	5	5
纯　碱	0.5	0.5
重晶石粉	30	30
青石粉	40	40

6. 钻井过程中的油气层保护

（1）近平衡压力（正压差）钻井，施工中严格控制。
（2）推广使用甲基葡萄糖苷钻井液体系以保护油层。
（3）保证药品投入，药品质量符合要求。
（4）搞好净化，控制固相含量，含砂量小于 0.3%，固相含量小于 10%。
（5）储层 API 滤失量小于等于 5 mL。

四、钻、完井方案

1. 完井方式选择

完井方式主要根据油层的岩性特征、储层性质及采油工艺的要求进行选择，以实现减少油气层伤害、提高油井产能、延长油井寿命的目标。目前胜利油田针对油藏地质的要求和不同井型，具有以下完井方式可供选择：套管固井完井、筛管顶部注水泥＋酸洗填砂分段完井、悬挂筛管完井、裸眼完井、管内充填防砂完井等。

在选择完井方式的过程中,应根据油田开发的要求,做到充分发挥各油层的潜力,根据油藏类型和储层特性选择最合适的完井方式。其基本原则为:

(1) 油层和井筒之间应保持最佳的连通条件,油、气层所受的伤害最小。

(2) 油层和井筒之间应具有尽可能大的渗流面积,油、气入井的阻力最小。

(3) 能有效地封隔油、气、水层,防止气窜或水窜,防止层间的相互干扰。

(4) 对于出砂油藏,能有效地控制油层出砂,防止井壁坍塌及盐岩层挤毁套管,确保油井长期生产。

(5) 油井管柱既能适应自喷采油的需要,又要考虑到与后期人工举升采油相适应。

(6) 应具备进行分层注水、注汽,分层压裂、酸化以及堵水、调剖等井下作业的条件。

(7) 稠油开采能达到注蒸汽热采要求,且对于热采水平井应尽量满足均匀注汽工艺。

(8) 施工工艺简便,综合经济效益好。

针对该区块油藏地质的特点和要求,定向井采用套管射孔完井,水平井采用套管或筛管完井。

2. 保证固井质量和油井寿命的技术措施

(1) 尽量控制井径扩大率在 10% 以内,避免出现"糖葫芦"井眼。

(2) 合理使用套管扶正器,保证套管居中度大于 70%;为了防止水窜,在大段油层、水层间使用注水泥浆封隔器。

(3) 在保证井眼安全的前提下,尽可能提高注替排量,提高顶替效率。

(4) 采用低失水水泥浆体系。控制水泥浆自由水量小于 1.50 mL(水平井为 0),失水量小于 150 mL(水平井小于 50 mL)。

(5) 施工过程中保证注水泥施工的连续性。

3. 固井设计

固井设计执行《固井作业规程　第 1 部分:常规固井》(SY/T 5374.1—2006)、《固井作业规程　第 2 部分:特殊固井》(SY/T 5374.2—2006)、《下套管作业规程》(SY/T 5412—2005)、《套管柱试压规范》(SY/T 5467—2007)等标准。

根据井身结构方案,该区块固井、完井基本参数见表 4-3-9。

表 4-3-9　固井、完井基本参数表

井　型		井眼尺寸/mm	套管尺寸/mm	套管下深/m	水泥上返深度/m	固井完井方式
定向井		Φ444.5	Φ339.7	0～330	地　面	内　插
		Φ241.3	Φ177.8	0～1 839.22	地　面	常　规
水平井	套管完井	Φ444.5	Φ339.7	0～350	地　面	内　插
		Φ241.3	Φ177.8	0～1 865.7	地　面	地　面
	精密滤砂管完井	Φ444.5	Φ339.7	0～350	地　面	内　插
		Φ241.3	Φ177.8	0～1 678(套管)+1 678～1 865(精密滤砂管)	地　面	地　面

注:下套管时留出 6～8 m 口袋,提拉套管固井。

1) 套管柱设计

套管柱设计原则为：① 应满足钻井、采油作业及产层改造等工艺的要求；② 根据标准，结合外载荷性质、套管强度及地层情况，确定合理的安全系数；③ 在满足强度要求的条件下，成本尽量低。

套管柱设计是在最经济的条件下，保证在整个使用寿命期间套管上的最大应力在允许的安全范围内，使油气井得到可靠的保护。套管强度计算执行标准《套管柱强度设计方法》(SY/T 5724—2008)。固井质量要求执行标准《固井质量》(Q/SH 1020 0005.3—2003)。套管柱设计和强度校核结果见表 4-3-10，套管完井各层次套管固井主要附件见表 4-3-11，筛管完井各层次套管固井主要附件见表 4-3-12。

表 4-3-10　套管柱设计和强度校核

类　别	套管外径/mm	井段/m	钢级	壁厚/mm	扣型	每米质量/(kg·m^{-1})	累重/t	安全系数			钻井液密度/(g·cm^{-3})
								抗拉	抗挤	抗内压	
套管完井	339.7	0～330	J55	9.65	短　圆	60.32	19.9	11.1	3.06	8.54	1.10
	177.8	0～1 839.22	P110HB	9.19	偏　梯	38.69	71.15	5.68	1.92	3.51	1.20
筛管完井	339.7	0～350	J55	9.65	短　圆	81.18	28.41	9.54	2.06	7.01	1.10
	177.8	0～1 678	P110HB	9.19	偏　梯	38.69	64.92	6.13	2.29	3.79	1.20
		1 678～1 865	P110HB	9.19	偏　梯	精密滤砂管					

表 4-3-11　套管完井各层次套管固井主要附件

套管程序	附件名称	单位	数量	备注
一　开	Φ339.7 mm 浮鞋	只	1	
	Φ339.7 mm 浮箍(内插座)	只	1	
二　开	Φ177.8 mm 引鞋	只	1	
	Φ177.8 mm 浮箍	只	2	
	Φ177.8 mm 短套管	根	2	
	Φ177.8 mm 阳极保护环	只	30	
	Φ177.8 mm 注水泥浆管外封隔器	套	1	
	Φ177.8 mm 热力补偿器	只	1	
	Φ241.3 mm × Φ177.8 mm 弹性扶正器	只	50	

表 4-3-12　筛管完井各层次套管固井主要附件

套管程序	附件名称	单　位	数　量	备　注
一　开	Φ339.7 mm 浮鞋	只	1	
	Φ339.7 mm 浮箍(内插座)	只	1	

套管程序	附件名称	单 位	数 量	备 注
二 开	Φ177.8 mm 引鞋	只	1	
	Φ177.8 mm 底部充填防砂装置	套	1	
	Φ177.8 mm 注水泥浆管外封隔器	套	1	
	Φ177.8 mm 阳极保护环	只	30	
	Φ177.8 mm 热力补偿器	只	2	
	Φ177.8 mm 短套管	根	3	
	Φ177.8 mm 免钻塞装置	套	1	
	Φ177.8 mm 免钻塞打捞器	套	1	
	Φ177.8 mm 免钻塞水泥头	套	1	
	Φ241.3 mm×Φ177.8 mm 弹性扶正器	只	50	
	Φ241.3 mm×Φ177.8 mm 刚性扶正器	只	10	

2）水泥浆设计

水泥浆设计执行《油气井注水泥设计》(Q/SH 1020 1383—2008)、《固井工具附件使用技术要求》(Q/SH 1020 0101—2003)、《内管注水泥施工规程》(Q/SH 1020 0699—2008)等标准。

（1）水泥浆设计原则。

① 必须保证在井下温度和压力条件下水泥浆性能稳定；② 在规定的候凝期凝固并达到设计强度；③ 水泥浆形成的水泥石应有很低的渗透性能。

（2）水泥浆体系的选择。

采用低失水水泥浆体系，同时在水泥浆中加入 30%～40% 的石英砂作为热稳定剂。水泥浆体系中使用的添加剂必须满足水泥浆性能要求，保证施工安全和固井质量，满足各类井型长期开采的要求，并有利于保护油气层。

（3）水泥浆性能要求。

油井水泥在使用前应进行严格的实验，以检验其性能。对加入外加剂的水泥浆要进行性能实验，包括水泥浆密度、稠化时间、失水量、自由水含量、流变性、水泥石抗压强度实验以及水泥浆与前置液、钻井液的配伍性试验等。油层水泥浆性能参数见表 4-3-13。

表 4-3-13 油层水泥浆性能参数表

项目名称	性能要求		备 注
	一 开	二 开	
密度/(g·cm^{-3})	1.85	1.90	
流变性/cm	≥25.0	≥25.0	
失水量/mL	<250	<150	水平井失水量<50
自由水含量/[mL·(250 mL)$^{-1}$]	<3.5	<1.5	水平井自由水含量为0
稠化时间/min	120	180	
水泥石抗压强度/[MPa·(24 h)$^{-1}$]	14	14	

（4）水泥用量。

水泥用量见表 4-3-14。

表 4-3-14　水泥用量表

井　　型	开钻序号		套管尺寸/mm	套管下深/m	钻井液密度/(g·cm⁻³)	水泥浆上返深度/m	水泥浆密度/(g·cm⁻³)	水泥型号	用量/t	固井方式
定向井	一	开	Φ339.7	330	1.10	0	1.85	G	57	内　插
	二	开	Φ177.8	1 839.22	1.20	0	1.90	G	113	常　规
水平井	一	开	Φ339.7	350	1.10	0	1.85	G	70	内　插
	二	开	Φ177.8	1 678.00	1.20	0	1.90	G	100	筛管顶注

注：二开水泥浆中加入 40% 的石英砂。

（5）水泥外加剂用量。

水泥外加剂用量见表 4-3-15。

表 4-3-15　生产井水泥外加剂用量表

材料名称	用量/t		备　注
	一　开	二　开	
分散剂		0.85	
降滤失剂		1.70	
消泡剂		0.70	
早强剂		1.00	

五、钻井工程配套方案

1. 钻具组合设计

根据本地区各地层的地层倾角与倾向，结合本区块或邻近区块已钻井情况，考虑井眼轨道特点，确定本区块钻具组合方式，并根据油藏要求选择合适的测量工具。在实际钻进过程中，可根据钻遇地层的实际情况适时调整钻具组合，最大限度地符合地层规律，确保钻具组合与地层相配伍，从而提高机械钻速，实现钻探目的（表 4-3-16、表 4-3-17）。具体执行《直井井眼轨迹控制技术规范》（SY/T 5172—2007）、《定向井下部钻具组合设计方法》（SY/T 5619—2009）等标准。

2. 钻柱强度校核

按不同井型对所选钻柱强度进行校核，主要考虑最危险工况下所选钻具组合的抗拉强度和拉力余量，以保证井下复杂情况的处理能力（表 4-3-18、表 4-3-19）。

3. 钻头选型

根据区块地层岩石特性、地层可钻性级值，参考区块已完钻井钻头使用情况、现有设备情况、钻井液性能等合理选择钻头类型，确定钻头数量、钻井参数，达到提高机械钻速和钻头进尺、降低钻井成本的目的。钻进过程中可根据现场钻头实际使用情况适时调整钻头类型。

表 4-3-16　定向井钻具组合表

开钻次序		井眼尺寸/mm	钻进井段/m	钻具组合
一　开		Φ444.5	0～331	Φ444.5 mm 钻头＋Φ177.8 mm 钻铤 108 m＋Φ127 mm 钻杆
二开	直井段	Φ241.3	231.00～1 110.14	常规钻具：Φ241.3 mm 钻头＋Φ177.8 mm 钻铤 108 m(含无磁钻铤 1 根)＋Φ127 mm 钻杆
				钟摆钻具：Φ241.3 mm 钻头＋Φ177.8 mm 钻铤 18 m(含无磁钻铤 1 根)＋Φ241 mm 螺旋扶正器＋Φ177.8 mm 钻铤 90 m＋Φ127 mm 钻杆
	定向段	Φ241.3	1 110.14～1 353.78	Φ241.3 mm 钻头＋Φ196.7 mm 1.25°单弯动力钻具 7 m＋Φ177.8 mm 无磁钻铤 9 m＋MWD＋Φ177.8 mm 钻铤 27 m＋Φ127 mm 钻杆
	稳斜段	Φ241.3	1 353.78～1 842.22	复合钻具：Φ241.3 mm 钻头＋Φ196.7 mm 1.25°单弯动力钻具 7 m＋Φ177.8 mm 无磁钻铤 9 m＋MWD＋Φ177.8 mm 钻铤 27 m＋Φ127 mm 钻杆
				常规钻具：Φ241.3 mm 钻头＋Φ241 mm 螺旋扶正器×1 个＋Φ177.8 mm 短钻铤 3 m＋Φ241 mm 螺旋扶正器×1 个＋Φ177.8 mm 无磁钻铤 9 m＋Φ241 mm 螺旋扶正器×1 个＋Φ177.8 mm 钻铤 9 m＋Φ127 mm 加重钻杆 135 m＋Φ158.8 随钻震击器×1 套＋Φ127 mm 加重钻杆 135 m＋Φ127 mm 钻杆

表 4-3-17　水平井钻具组合表

开钻次序		井眼尺寸/mm	钻具组合
一　开		Φ444.5	Φ444.5 mm 钻头＋Φ177.8 mm 无磁钻铤×1 根＋Φ177.0 钻铤×8 根＋Φ127 mm 钻杆
二　开	直井段	Φ241.3	常规钻具：Φ241.3 mm 钻头＋Φ177.8 mm 钻铤 108 m(含无磁钻铤 1 根)＋Φ127 mm 钻杆
			钟摆钻具：Φ241.3 mm 钻头＋Φ177.8 mm 钻铤 18 m(含无磁钻铤 1 根)＋Φ215 mm 螺旋扶正器＋Φ177.8 mm 钻铤 90 m＋Φ127 mm 钻杆
	定向段	Φ241.3	Φ241.3 mm 钻头＋Φ196.7 mm 1.50°单弯动力钻具×1 根＋Φ177.8 mm 无磁钻铤×1 根＋FEWD＋Φ177.8 mm 无磁钻铤×1 根＋Φ127 mm 斜坡钻杆×27 根＋Φ127 mm 加重钻杆×9 根＋Φ177.8 mm 随钻震击器×1 套＋Φ127 mm 加重钻杆×21 根＋Φ127 mm 钻杆
	水平段	Φ241.3	Φ241.3 mm 钻头＋Φ196.7 mm 1.00°单弯动力钻具×1 根＋Φ127 mm 无磁承压钻杆×1 根＋FEWD＋Φ127 mm 无磁承压钻杆×1 根＋Φ127 mm 斜坡钻杆×48 根＋Φ127 mm 加重钻杆×9 根＋Φ177.8 mm 随钻震击器×1 套＋Φ127 mm 加重钻杆×21 根＋Φ127 mm 钻杆

注：打捞免钻塞分级注水泥装置及通井措施见完井设计部分；FEWD 为地层导向钻井。

表 4-3-18　定向井钻柱强度校核表

中和点深度:1 686.22 m				中和点位置:外径 127 mm、内径 76.2 mm 加重钻杆					
钻具明细									
序　号	钻柱名称	外径/mm	内径/mm	钢级	每米质量/(kg·m⁻¹)	长度/m	屈服强度/MPa	抗拉系数	抗扭系数	MISES系数
1	钻　铤	177.8	71.44		163.2	21.0			100.0	17.43
2	加重钻杆	127.0	76.2		72.37	270.0		67.64	15.96	13.17
3	钻　杆	127.0	108.6	G105	34.85	1 551.22	724.0	7.06	6.44	1.29

表 4-3-19　水平井钻柱强度校核表

中和点深度:1 404.47 m				中和点位置:新 G-105 外径 127 mm、内径 108.6 mm 钻杆					
钻具明细									
序　号	钻柱名称	外径/mm	内径/mm	钢级	每米质量/(kg·m⁻¹)	长度/m	屈服强度/MPa	抗拉系数	抗扭系数	MISES系数
1	加重钻杆	127.0	76.2		72.37	270.0			24.82	14.63
2	钻　杆	127.0	108.6	G105	34.85	1 598.70	724.0	8.83	11.17	2.36

钻头的选择执行标准《牙轮钻头选型方法》(Q/SH 1020 0106—2003);水力参数选择执行标准《优选参数钻井基本方法及应用》(SY/T 5234—2004)、《喷射钻井水力参数选择推荐作法》(Q/SL 0025—1986)。研究区块钻井参数参考值见表 4-3-20。

表 4-3-20　钻井参数参考值

井型	开次	井段	钻头直径/mm	推荐类型	钻压/kN		转速/(r·min⁻¹)	
					牙轮	PDC	牙轮	PDC
定向井	一　开	表　层	444.5	P2	120~140		80~120	
	二　开	直井段	241.3	牙轮/PDC	140~160	30~60	80~120	80~120
		定向段	241.3	牙轮/PDC	60~100	30~60	螺　杆	螺　杆
		稳斜段	241.3	PDC		50~80		100~180
水平井	一　开	表　层	444.5	P2	120~140		80~120	
	二　开	直井段	241.3	HAT 127/PDC	120~140	30~60	80~120	80~120
		定向段	241.3	H517	60~100	30~60	螺　杆	螺　杆
		稳斜段	241.3	H517/PDC	140~160	30~60	70~120	70~120

4. 钻机选型

根据施工最大负荷及施工难度确定钻机类型及必须配备的设备,依据钻机负荷的选择原则确定定向井选择钻机类型和水平井选择钻机类型。具体执行标准《钻机井场布置图及技术要求》(Q/SH 1020 0703—2007)。

定向井:

MAX(表层套管质量 18.1 t,油层套管质量 71.15 t)×1.33×(1＋0.3)＝71.15×1.33×1.3＝123.02 t＜ZJ32 型钻机最大钩载。

水平井：

MAX(表层套管质量 18.1 t,油层套管质量 64.92 t)×1.33×(1＋0.3)＝64.92×1.33×1.3＝112.25 t＜ZJ32 型钻机最大钩载。

综上,本方案水平井选用 ZJ32 型钻机可以满足钻井施工的需要。

5. 井控技术

根据区块已完钻井测试目的层地层压力系数,预测区块本次开发目的层地层压力,根据企业标准选择井控装置(表 4-3-21),确保在井下发生复杂情况时能有效控制井口,满足井控的需要。

表 4-3-21 井控装置及试压要求

井 型	目的层	开钻次数	防喷器名称	防喷器型号	井控管汇	井口类别	试压要求			
							介 质	压力/MPa	时间/min	允许压降/MPa
水平井	东二段	二开及打捞免钻塞分级注水泥装置	双闸板防喷器(套管头)(二类管汇 B1 型)压井放喷节流管汇	2FZ35-35	二类	B1	清水	12	15	0.70
定向井	东二段	二 开	双闸板	2FZ35-35	二类	B1	清水	12	15	0.70

井控主要措施按《钻井井控技术规程》(SY/T 6426—2005)、《钻井井控装置组合配套、安装调试与维护》(SY/T 5964—2006)、《含硫化氢油气井安全钻井推荐作法》(SY/T 5087—2005)、《天然气井工程安全技术规范》(Q/SHS 0003.1—2004)、《钻井一级井控技术》(Q/SL 1160—2000)、《海洋钻井平台井控设备配套》(Q/SL 0899—1999)等有关井控标准及《胜利油田钻井井控工作细则》的要求执行,施工措施中严格执行井控管理 9 项制度:持证井控操作制度,井控设备管理制度,钻开油气层申报、审批制度,防喷演习制度,井喷显示监测坐岗制度,钻井队干部 24 h 值班制度,井喷事故汇报制度,井控例会制度,岗位责任制大检查制度。

第四节 营 13 东二段油藏开发调整采油工程方案

一、完井工艺方案

1. 完井方式选择

1) 完井方式选择需要考虑的因素

完井方式选择是完井工程的重要环节之一,只有根据油气藏类型和油气层的特性来选择最合适的完井方式,才能有效地开发油气田,延长油气井寿命和提高经济效益。完井方式选择需考虑的因素是油气田地质及油藏工程条件和采油工程技术措施要求。

2）完井方式选择原则

选择完井方式时，应以满足勘探开发的需要、提高最终采收率、获得最长的生产井寿命为目的，对油层的物性、开采方式和综合经济指标进行分析对比，本着科学、经济、合理的原则选择完井方式。

合理的完井方式应力求满足以下要求：

（1）油层与井筒之间应保持最佳的连通条件，油层所受的损害最小。

（2）油层与井筒之间应具有尽可能大的渗流面积，油流入井的阻力最小。

（3）油井正常生产。

（4）工艺简便，成本较低。

（5）安全可靠，工艺便于实现。

3）井壁稳定性分析

根据营 13 东二段的岩性参数及地层压力条件，对产层及以上岩层进行稳定性分析，结果表明该井区井壁不稳定，有出砂现象，在完井工艺中需采取防砂措施。

4）完井方式选择

选择与油气藏相匹配的完井方式，可以减少对油气层的损害，提高油井产量，延长油井寿命，提高经济效益。为确保油井正常生产，必须采取防砂措施。结合不同完井方式的适应条件，根据储层岩石的地质特性、岩石力学性质、原油性质以及钻井、工程技术要求等多种因素分析，运用完井方法优选软件优选出适合于该井地质条件和工程技术要求的最佳完井方式。

适合于该油藏水平井的完井方法有两类：一类是裸眼-筛管完井技术；另一类是裸眼-井下砾石充填完井技术。为了增加渗流面积，提高油层完善程度，减少完井成本，防止地层坍塌，方便后期生产措施的实施，基于目前技术的完善性及防砂效果的可靠性，推荐该区块的完井工艺优先采用大通径精密微孔复合滤砂管作为完井筛管。但由于该区块具有边底水，因此选择完井方式时还要考虑边底水的影响。目前国内外最常用的水平井完井方式有套管射孔完井、裸眼滤砂管完井两种，这两种完井工艺各有特点。

（1）套管射孔完井。

优点是：① 对地层的适应能力强，无论是胶结致密的储层还是胶结疏松的储层，套管射孔完井均适用；② 能够防止地层坍塌；③ 可选择性地射开油层，避开夹层、水层，避免层间干扰，特别是边底水油层水侵后有利于后期堵水及其他维护措施的实施。

缺点是：① 相对于裸眼完井而言，油井完善程度不高；② 受射孔井段及孔密、孔径等限制，不利于水平段的均匀吸汽；③ 由于套管完井需单独进行射孔、防砂，导致完井费用较高。

由于目前已实现了大孔径、高孔密射孔，可以大幅度地提高油井产能，弥补了套管射孔完井产能低的不足。因此，目前稠油油藏水平井应用最多的是套管射孔完井。

（2）裸眼滤砂管完井。

优点是：① 油层段不固井，既可避免固井对油层的污染，又可避免射孔对油层的二次污染，油井的完善程度高；② 对于热采井，蒸汽流动前缘与全井段接触，有利于水平段的整体均匀吸汽；③ 裸眼滤砂管完井是一种完井、防砂一体化的工艺，施工简单，油井不需要单独进行防砂、射孔，因此完井费用较低。

缺点是：① 要求储层胶结良好、强度大；② 对于胶结疏松的地层，生产井段容易造成地层坍塌，影响油井正常生产；③ 对于边底水油藏，一旦发生水侵，堵水及后期维护工艺实施困难。

营 13 块东二段水平井完井方式选择主要考虑边底水的影响，对于油水关系复杂的井和 A、B 靶水驱动用不均衡、水淹差异大的井采用套管完井。共计 19 口水平井采用裸眼滤砂管完井方式，其余 6 口水平井采用套管射孔、管内砾石充填完井方式。

2. 生产套管设计

1）生产套管尺寸设计

生产套管尺寸的选定必须考虑到防砂、采油方式、增产措施、作业等因素的影响。对于营 13 东二段稠油油藏，所选的套管尺寸必须满足以下要求：

（1）对于蒸汽吞吐井，为了提高注汽质量，在保证良好隔热的前提下，应采用大直径隔热油管注汽。

（2）套管尺寸应满足防砂、注汽等工艺的要求。

（3）能够保证四参数测试仪等仪器的顺利起下，以监测注汽、生产动态。

因此，为满足上述要求，油层套管尺寸应不小于 $\Phi 177.8$ mm。

2）套管管材及结构设计

（1）套管管材的选择。

由于营 13 东二段稠油油藏采用水平井开发，无法实现预应力，因此应选择一种具有更高性能的套管管材以适应水平井稠油热采的要求。目前热采水平井常用的套管管材有 N80，P110 及 P110H 三种管材，表 4-4-1 列出了这三种管材在注汽温度为 360 ℃、压力为 22 MPa 条件下裸套部位的综合应力。

表 4-4-1　不同管材套管所受的最大应力

管　材	最大热应力/(N·mm^{-2})	许用应力/(N·mm^{-2})	屈服应力/(N·mm^{-2})
N80	426	352	552
P110	534	457	717
P110H	558	583	758

从表 4-4-1 中可以看出，N80 与 P110 两种管材在注汽条件下最大热应力均小于屈服应力，但都大于许用应力，处于相对安全状况，但都存在隐患；P110H 管材在注汽条件下所受最大热应力不但小于其屈服应力而且小于其许用应力，在高温高压注汽条件下处于安全状态，若从机械强度安全方面考虑，利用 P110H 套管管材完井不需要预应力。因此，营 13 东二段热采水平井选择 P110H 套管管材作油层套管。

（2）水平井套管结构设计。

营 13 东二段稠油油藏热采水平井采用表层套管＋生产套管的套管程序，即 $\Phi 339.7$ mm 表层套管＋$\Phi 177.8$ mm 生产套管可满足要求。要求水泥返高至地面，以满足注汽热采保护套管的要求。

① 套管射孔完井工艺。

表层套管：尺寸 $\Phi 339.7$ mm，壁厚 9.65 mm，套管管材 J55，下入深度 350 m。

油层套管：尺寸 $\Phi 177.8$ mm，壁厚 9.19 mm，套管管材 P110H，水泥返高至地面。

② 裸眼滤砂管完井工艺。

表层套管：尺寸 Φ339.7 mm，壁厚 9.65 mm，套管管材 J55，下入深度 350 m。

生产套管：尺寸 Φ177.8 mm，壁厚 9.19 mm，套管管材 P110H，下入深度 1 866 m。

滤砂筛管基管：尺寸 Φ177.8 mm，壁厚 9.19 mm，套管管材 P110H，下入深度 1 678～1 866 m。

裸眼滤砂管完井：Φ177.8 mm×A 靶点（套管）＋水平段（精密滤砂管）。

裸眼滤砂管完井管柱结构如图 4-4-1 所示。

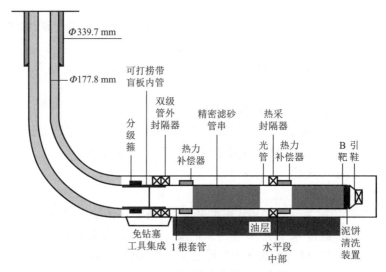

图 4-4-1　裸眼滤砂管完井管柱示意图

3）滤砂管程序设计

（1）滤砂管选择。

滤砂管尺寸主要是根据生产套管尺寸、裸眼井直径、地层状况等完井信息和油气井的产量来确定的。通过优选推荐使用 Φ177.8 mm 大通径精密微孔复合滤砂管。该滤砂管的中心管为 Φ177.8 mm 套管，两端连接螺纹为 BCSG（偏梯形螺纹），滤砂管最大外径为 Φ198 mm，最小内径为 Φ159.4 mm。

（2）滤砂管参数设计。

选择合理的过滤介质和过滤孔径，使其既能防砂又能防堵塞，同时还能保持较高的导流能力，这对于保证油田投产后高产、稳产是非常关键的。

影响防砂效果的因素很多，需要考虑油藏地质特征、流体物性、生产条件、井身结构等诸多因素，最优的挡砂精度选择不仅能成功地阻挡地层砂的产出，而且应该使作业后油井的经济指标提高，在注重挡砂效果的同时必须以经济效益为最终目标。

过滤精度选择：只要挡住 10% 最大质量分数的地层砂，就可在地层内形成砂桥，形成砂桥后，可允许细砂流出，但 70%～80% 的较大粒径的地层砂被阻挡。

依据本区的砂样分析资料及上述考虑因素，为确保所选择的滤砂管既能防砂又能防堵塞，同时还能保持较高的导流能力，对其参数做如下设计：

① 基管尺寸：Φ177.8 mm×9.19 mm，套管管材 P110H。

② 最大外径，Φ198 mm；内通径，Φ159.4 mm。

③ 挡砂精度:0.15 mm。

3.水平井滤砂管完井洗井设计

1)对洗井液的要求

(1) 做储层、地层水、洗井液与酸液的配伍性试验。

(2) 表面张力低于 30 mN/m,界面张力小于 1 mN/m。

(3) 颗粒含量低于 5 mg/L。

(4) 做洗井液对岩心的堵塞实验和酸液解堵实验,要求所选酸液解堵率大于等于 80%。

(5) 具有暂堵能力。

2)洗井液配方

在酸液中加入络合铁离子的添加剂,同时采用酸液缓速技术,可控制在施工时间内,酸液排出井筒之前,酸液的 pH 在 1 以下,可以防止氢氧化铁和氢氧化亚铁发生沉淀。

常规酸洗工艺对于热采水平井来说,一是酸洗对泥饼的处理不够彻底;二是残酸不能及时排出,在等待注汽期间,筛管被残酸浸泡而导致其寿命降低。因此,推荐在该区块水平井采用泡沫酸洗工艺。

暂堵酸洗体系(35 m³):复合酸+酸化暂堵剂+本区块热污水。

优质完井液(50 m³):5%防膨剂+5%清洗剂+本区块热污水(要求温度 70 ℃以上)。

3)洗井管柱的管柱配接

水平井洗井管柱组合(由下及上):密封插管+2⅞ in(1 in= 25.4 mm)带挡板油管短节+2⅞ in 油管串(下入分级箍以下油管接箍建议倒 30°倒角)+7 in 洗井封隔器+2⅞ in 油管串+2⅞ in 泄油器+2⅞ in 油管串(到井口)(图 4-4-2)。

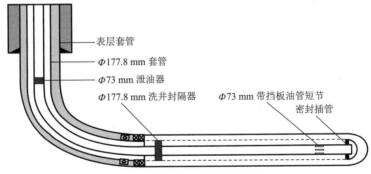

图 4-4-2　水平井洗井、酸化管柱示意图

4)酸洗施工步骤设计

水平井酸洗施工步骤见表 4-4-2。

表 4-4-2　水平井酸洗施工设计

序　号	挤入段塞	施工排量	备　注
1	泡沫替浆体系	270 L/min	混入氮气
2	泡沫酸洗体系	250 L/min	混入氮气
3	本区块处理热污水	300 L/min	混入氮气,添加发泡剂,根据井口返出液 pH 现场调整氮气及污水用量
4	优质完井液	280 L/min	

4. 射孔工艺

1）射孔原则

（1）满足油井产能的要求。

（2）根据地应力优化射孔井段。

（3）采用大孔、大弹、高孔密射孔，增大渗流面积，减轻出砂程度，防砂后流动效率高，以满足防砂要求。

2）水平井射孔方位角确定

根据 Dikken 射孔理论以及现场射孔实践情况可确定：一般碳酸盐岩等坚固油藏均可采用 360°四排布孔的方式，而对于疏松砂岩等油藏可采用 180°三排或四排布孔的方式。由于营 13 东二段储层胶结疏松、易出砂，因此建议采用 180°下相位四排布孔、相位角 30°的射孔方式（图 4-4-3）。

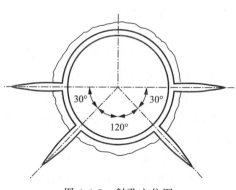

图 4-4-3　射孔方位图

3）水平井射孔参数优化

对于稠油油藏，由于原油黏度高，在油层内的流动性较差，因此为尽可能地增大原油的渗流面积，提高油井的产能，同时减少液流对防砂层的冲刷破坏，射孔工艺应采用大孔径、高孔密、深穿透的射孔枪（弹）。研究资料表明，当孔密、孔径增加到一定程度后，油井产能不再提高，反而会使套管的机械性能遭到破坏，影响油井的产能。因此，根据射孔工艺优化设计软件计算，结合现场的射孔应用情况，确定营 13 东二段水平井的射孔参数（表 4-4-3）。

表 4-4-3　水平井射孔参数

层　　位	东二段	枪　　弹	127 枪，127 弹
射孔井段		段　　长	200 m/2 段
平均孔径	Φ13 mm	孔　　密	16 孔/m
孔　　深	1 000 mm	射孔枪外径	127 mm
射孔方式	近平衡压力射孔，180°下相位四排布孔		

营 13 东二段储层泥质含量较高，因此，为防止射孔过程中造成黏土膨胀，要求射孔液中添加高效黏土防膨剂。

5. 防砂工艺选择

水平井防砂工艺主要有裸眼完井防砂和套管完井防砂两种，因为营 13 东二段油藏属于砂岩稠油油藏，油稠、储层岩石胶结疏松，部分采用套管射孔完井方式，因此适宜的防砂工艺有套管射孔滤砂管防砂和套管射孔砾石充填防砂两种。

目前水平井主要采用金属毡滤砂管防砂，但是该工艺防砂平均有效期短，且随着原油黏度的增大，流动阻力增加幅度大。另外，稠油携砂能力强，滤砂管容易堵塞，影响油井产量。因此，为了提高稠油油藏水平井开发效果，研制了精密复合滤砂管，推荐采用水平井精密滤砂管管内充填防砂工艺。

对于疏松砂岩油藏,可采用循环充填防砂。用高渗砾石充填后,在炮眼附近可显著改善近井地带的流通能力,改善稠油、超稠油油藏近井地带流通能力,降低注汽压力,提高油井产量,延长防砂有效期。

1)砾石尺寸选择计算

目前常用的砾石尺寸计算方法为 Saucier 方法。Saucier 通过实验证实,当砾石与地层砂的粒度中值比介于 5~6 时,砾石层的有效渗透率与地层渗透率之比最大。因此,Saucier 建议工业砾石的粒度中值(D_{50})为防砂井地层砂粒度中值(d_{50})的 5~6 倍,即 $D_{50}=(5\sim6)d_{50}$。

根据以上优选理论,营13东二段粒度中值为 0.22 mm,考虑到油井采用蒸汽吞吐的开发方式,该区块防砂选用 0.6~1.2 mm 的充填石英砂。

2)滤砂管优选

(1)滤砂管优选。

对于砾石充填防砂技术,由于地层砂的粒度中值较大,从防砂的效果来看,绕丝筛管与割缝筛管均可适应,但从长期生产的指标来看,绕丝筛管具有一定的优势。绕丝筛管与割缝筛管的特性参数指标比较见表 4-4-4。

表 4-4-4　绕丝筛管与割缝筛管特性参数性能比较

指　标	绕丝筛管	割缝筛管
过流面积	大	中
抗冲蚀能力	强	中
抗腐蚀能力	强	弱
抗堵塞能力	强	中
地层适应性	宽	窄
生产有效期	长	中

由此可见,绕丝筛管的各项指标均优于割缝筛管,因此应优选绕丝筛管砾石充填防砂技术。在此基础上,为保持地层疏松砂岩的力学稳定,应采取高压挤压充填方式。对于割缝筛管来说,抗腐蚀能力远不如绕丝筛管。割缝筛管的腐蚀问题主要体现在其使用寿命将大受影响上。

根据上述分析及营13东二段油藏下一步开发的实际井身结构特点,确定采用绕丝筛管挤压砾石充填技术进行防砂。

(2)筛管参数。

防砂筛管以流通面积大、自洁能力和抗冲蚀能力强的不锈钢绕丝筛管为首选。绕丝筛管选择应以井眼尺寸为基础,砾石充填层厚度大于 20 mm。目前常用规格尺寸见表 4-4-5。考虑到注汽热采因素,7 in 井眼推荐采用 QPS89 型绕丝筛管。

由于注汽热采井井底温度高达 300 ℃以上,而筛管周围又被密实的砾石充填体掩埋,在高温时产生的巨大热应力可能使筛管结构破坏,因此营13东二段应采用中心管可以自由滑动、高温密封好、中心管渗流面积大的热采绕丝筛管。由于注汽井砾石充填层存在不同程度的溶蚀,故推荐选用的筛管缝隙均为 0.3 mm。

表 4-4-5　国产绕丝筛管规格

代　号	筛管公称尺寸 /mm(in)	筛管尺寸/mm		基管外径尺寸 /mm
		外　径	内　径	
QPS60	60(2⅜)	74	62	60.3
QPS73	73(2⅞)	87	75	73.0
QPS89	89(3½)	104	92	88.9
QPS102	102(4)	117	105	101.6
QPS114	114(4½)	130	118	114.3

绕丝筛管的缝隙按 1/2～2/3 最小砾石尺寸选择,故推荐采用的筛管缝隙为:0.6×(1/2～2/3)＝0.3～0.4 mm。

3) 防砂管柱设计

(1) 水平井防砂管柱设计。

水平井防砂管柱结构从下至上依次为:丝堵＋扶正器＋精密复合滤砂管＋扶正器＋水平井安全工具＋水平井充填工具＋铅封工具。营13东二段水平井防砂工艺管柱如图4-4-4所示。

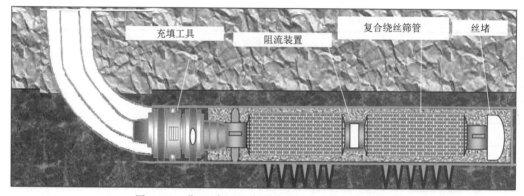

充填工具　　　阻流装置　　　复合绕丝筛管　　　丝堵

图 4-4-4　营13东二段水平井防砂工艺管柱示意图

(2) 定向井防砂管柱设计。

比较绕丝筛管挤压砾石充填、绕丝筛管循环砾石充填、割缝筛管预充填、金属滤砂管等不同防砂技术的流体压力损失可知,绕丝筛管挤压砾石充填压力损失最小,挡砂效果较好,能够保持较高的油井生产能力。因此,营13东二段定向井推荐选择绕丝筛管挤压砾石充填防砂工艺。

定向井防砂管柱结构从下至上依次为:丝堵＋3½ in 油管短节＋扶正器＋绕丝筛管＋扶正器＋3½ in 油管短节＋扶正器＋顶部信号筛管＋3½ in 油管短节＋挤压充填工具＋铅封工具。其防砂管柱如图4-4-5所示。

4) 携砂液设计

采用 SXSY-2 型清洁携砂液进行砾石充填,清洁携砂液(表4-4-6)有如下优点:

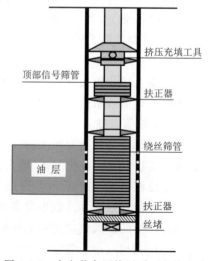

挤压充填工具

顶部信号筛管

扶正器

绕丝筛管

油层

扶正器

丝堵

图 4-4-5　定向井高压挤压砾石充填防砂
工艺管柱示意图

（1）清洁携砂液的携砂能力更加强大，能克服水作为携砂液所造成的充填过程中砂粒分段沉积问题，可使粒径大的颗粒提前沉降，粒径小的颗粒滞后沉降，从而确保充填后砂粒分布均匀（表 4-4-7）。

（2）清洁携砂液遇油、遇水能迅速降低到与水接近的表面张力，所以其拥有突出的油层保护性能，从而可提高大排量、低砂比充填的可靠性。

（3）清洁携砂液自身的黏度使定排量、砂比参数情况下的平衡堤延伸得更长，平衡堤高度增长得更加细密，有利于保证充填的密实。

（4）清洁携砂液自身的黏度可以有效地控制滤失量，减少充填过程中正滤失量过大而导致的提前砂堵。

表 4-4-6　SXSY-2 型清洁携砂液主要性能指标

指　标	表观黏度（30 ℃,170 s^{-1}）/(mPa·s)	携砂能力（沉降速率）/(mm·s^{-1})	表面张力/(mN·m^{-1})	地层伤害率/%
参　数	≥50	≥0.04	≤28.0	≤5.0

表 4-4-7　砾石充填工艺参数

指　标	粒径/mm	密度/(g·cm^{-3})	充填孔隙度/%	充填渗透率/μm^2
参　数	0.6～1.2	1.20～1.25	38～40	100～120

二、注汽工艺设计

1. 水平井蒸汽吞吐开发技术可行性研究

营 13 东二段无热采开发经验，方案借鉴了 2010 年东一段完钻水平井 4 口井（营 13 平 4,5,6 和 7）的注汽经验，水平井全部采用精密筛管完井方式，蒸汽吞吐热采开发，针对油藏边底水活跃的特点，注氮气以减缓边底水入侵。

针对边底水活跃的特点，对注汽参数进行优化，将注汽量控制在 2 000 t 以内；对于靠边底水近的营 13 平 6、营 13 平 7 两口井，为抑制边水推进，防止底水锥进，减少注汽量，把氮气注入量加大到 80 000 Nm^3；在注汽过程中，把注汽速度控制在 8～9 t/h，注汽压力控制在 12.7～15.5 MPa（表 4-4-8）。

表 4-4-8　热采水平井注汽情况表

井　号	注汽时间	注汽压力/MPa	蒸汽干度/%	温度/℃	注汽速度/(t·h^{-1})	注汽量/t	氮气量/Nm^3
营 13 平 4	2009.09.29—2009.10.08	13～15.5	72.0	335	8.5	1 802	66 000
营 13 平 5	2010.05.15—2010.05.22	13.5～15.0	72.0	338	9.0	1 642	65 000
营 13 平 6	2010.06.16—2010.06.21	12.8～13.5	72.4	350	8.0	998	80 000
营 13 平 7	2010.07.24—2010.07.28	12.7～13.1	71.4	329	8.0	920	80 000

实际生产情况表明，水平井热采投产取得了较好的效果，同周围直井相比，平均日产油

增加 9.4 t/d,综合含水率下降 10%,水平井蒸汽吞吐热采开发技术在营 13 东一段完全可行,为东二段水平井的热采开发提供了一定的参考依据(表 4-4-9)。

表 4-4-9　营 13 东一段构造高部位热采水平井开发效果表

井　号	投产日期	层　位	目前(2011.4.17)			累产油/t	平均日产油量 /(t·d⁻¹)
			日液/(t·d⁻¹)	日油/(t·d⁻¹)	含水率/%		
营 13 平 4	2009.10.13	东一 3²	36.5	2.6	93	2 841	5.6
营 13 平 5	2010.05.27	东一 3²	41.6	5.3	87	2 397	7.9
营 13 平 6	2010.06.25	东一 3⁵	29.5	5.3	82	2 967	10.3
营 13 平 7	2010.08.03	东一 3⁵	33.2	6.7	80	2 444	9.7

营 13 东二段黏土含量高、储层薄,注汽时黏土容易发生膨胀,降低渗透率,造成注汽压力高,生产效果变差。在东一段开发经验的基础上,针对该区块的油藏特点,设计注汽前注入 6 t 10% 的高效防膨剂 XFP 溶液;同时为了控制边底水入侵速度,注汽前注入氮气 30 000 m³。注汽工艺设计主要包括油层预处理、注汽工艺管柱设计和注汽参数优化设计三部分。

2. 注汽工艺管柱设计

设计注汽管柱时必须考虑降低套管温度,保护油井安全的因素。为此营 13 东二段水平井注汽工艺管柱结构设计如下:

为降低井筒热损失,选用 $\Phi4\frac{1}{2}$ in×$\Phi2\frac{7}{8}$ in 高真空隔热油管,隔热油管接箍处必须加装密封圈、隔热衬套,丝扣抹高温密封脂(图 4-4-6)。为保证隔热油管顺利起下,下入造斜点以下的隔热油管接箍和油管接箍上、下端面必须按 3×45° 进行倒角。

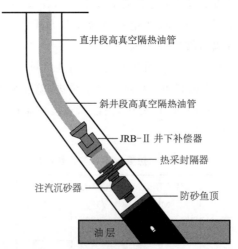

图 4-4-6　定向井注汽管柱示意图

水平井注汽管柱结构从上至下为:$\Phi4\frac{1}{2}$ in×$\Phi2\frac{7}{8}$ in 隔热油管＋水平井均匀注汽系统＋引鞋(图 4-4-7)。

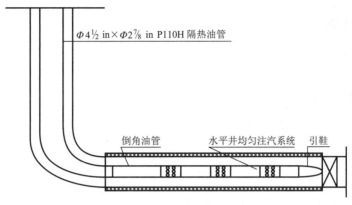

图 4-4-7 水平井注汽管柱示意图

3. 注汽参数优化设计

应用"注蒸汽井筒热力参数计算软件"对不同压力下的井筒热力参数进行计算。计算条件为:垂深1 520 m,造斜点1 240 m,水平段长200 m,注汽管柱为$\Phi 4\frac{1}{2}$ in×$\Phi 2\frac{7}{8}$ in隔热油管(接箍处加隔热衬套),计算结果见表4-4-10。

表 4-4-10 井口蒸汽干度为70%时水平井井底蒸汽参数

井口压力/MPa	井口流量/(t·h⁻¹)	井底压力/MPa	温度/℃	蒸汽干度/%	热损失/%
17	8	21.0	369.5	14.5	18.0
	9	20.6	368.2	25.2	15.8
	10	20.2	366.8	32.6	14.0
18	8	22.2	373.5	—	18.4
	9	22.0	373.3	—	16.2
	10	21.7	372.4	17.7	14.4
19	8	23.5	375.7	—	18.9
	9	23.3	376.3	—	16.6
	10	23.0	376.3		14.8

注:"—"表示蒸汽为超临界状态。

从计算结果可以看出,当注汽压力增加时,井底压力也增大,但由于饱和蒸汽的压力增大时其饱和温度也相应上升,井筒与地层间的温差增加,因此井筒热损失也相应增加,井底蒸汽干度下降。

根据以上分析,营13东二段注汽时应根据注汽设备的情况尽量提高注汽速度和干度,同时在保证注汽速度和干度的情况下降低注汽压力,以提高蒸汽在井底的干度,减少热损失,提高注汽质量,增加油井产量。

根据优化结果,确定注汽参数为:

注汽速度:8~10 t/h。

注汽干度:≥70%。

注汽设备:亚临界锅炉。

三、举升工艺

1. 采油方式的选择原则及依据

1) 采油方式的选择原则

(1) 满足开发方案规定的配产要求。

(2) 选择的采油方式能适应油井生产状况的变化,满足稠油蒸汽吞吐的生产特点。

(3) 所选择的举升设备工作效率较高。

(4) 所选择的举升设备最经济。

(5) 油井的维修与管理较方便。

2) 采油方式的选择依据

(1) 油藏工程方案中规定的整体开发部署、配产数据。

(2) 营 13 东二段前期生产情况及类似油藏生产井动态资料。

(3) 营 13 东二段的油藏地质及流体物性。

(4) 国内外技术状况及经济效益。

2. 井筒举升工艺优选

目前常用的井筒举升工艺主要有:有杆泵采油、螺杆泵采油和水力喷射泵采油。由于该区块需要进行注汽吞吐热采,而热采生产初期产液温度高,电潜泵采油在蒸汽吞吐井上又受到温度的限制,不予采用;螺杆泵在蒸汽吞吐井上同样也受到温度的限制,螺杆泵的最大耐温为 150 ℃,并且这一温度现场没有实践应用,所以螺杆泵也不适合该区块的井筒举升;对于水力喷射泵,由于受地面条件的限制,采油需在地面建设注水循环系统,地面建设投资大,工艺复杂,管理难度大,因此水力喷射泵采油工艺不适合该区块的井筒举升;而有杆泵防偏磨抽稠技术现场应用效果理想,工艺成熟,在各种不同的人工举升系统中,有杆泵采油系统仍然是最有效的举升系统,它具有系统效率高、可靠、适应性强等无可比拟的优点。

因此,推荐营 13 东二段井筒举升工艺为有杆泵采油。

3. 井筒举升工艺优化

井筒举升工艺设计主要是针对区块油井的特点,根据地质配产方案,通过数值模拟计算及优化设计,优选确定最优的配套抽油生产系统,从而达到既节约成本又能满足生产需要的目的。

1) 泵挂深度

根据稠油井生产特点,泵挂深度应尽可能加深以加大泵的沉没度,对提高采液量并克服油稠阻力很有好处,并且开发后期动液面下降,大沉没度可以适应这种变化。考虑到水平井井身轨迹复杂,抽油泵尽量下在直井段,因此推荐有杆泵下泵深度为 1 000～1 100 m(可根据实际井深轨迹对下泵深度进行适当调整)。

2) 泵型及抽汲参数

由于营 13 东二段为构造低平区,构造幅度小(最大 46 m),边水能量充足,排液强度加大以后,边水会舌进或形成次生底水,导致水淹过快。为减缓边底水推进速度,应控制液量生产,营 13 东二段热采水平井初期最大排液量控制在 30 t/d 以内,热采定向井初期最大排液量控制在 20 t/d 以内;后期动用面积变大以后,边水启动,采出程度上升,含水率上升,可适当提液,但也要控制在常规边水油藏水平井开发要求之内,排液量在 50 m³/d 以下。根据 15 年指标预测,前 5 年最大单井日产液水平为 21.1 m³/d,15 年最大单井日产液水平为 42.8 m³/d。为了提高泵效,尽量选择长冲程、慢冲次的工作制度,同时必须满足上述采液条件的要求。根据理论排液量计算公式:$Q = 1\ 440\ FSN$(F 为活塞断面面积,S 为冲程,N 为冲次),计算了工作制度为 5 m×(2~3) min⁻¹、Φ57 mm 泵、Φ70 mm 泵不同泵效时的排液量(表 4-4-11)。

表 4-4-11　不同泵型、泵效、冲次下的排液量(单位:m³/d)

冲次/min⁻¹	Φ57 mm			Φ70 mm		
	泵效/%			泵效/%		
	100	70	50	100	70	50
1	18.4	12.9	9.2	27.7	19.4	13.8
2	36.7	25.7	18.4	55.4	38.8	27.7
3	55.1	38.6	27.5	83.1	58.2	41.5
4	73.5	51.4	36.7	110.8	77.5	55.4

根据上述分析,综合考虑油管尺寸、下泵深度、初期排液量等因素,推荐初期采用 Φ57 mm 泵,后期采用 Φ70 mm 泵。

抽汲参数选择:冲程 $S = 5$ m;冲次 $N = 2$~3 min⁻¹。

3)抽油机

对于注汽吞吐热采井,在油井停喷转抽的初期,油层温度高,井筒内温度相应比较高,原油黏度低,流动性好,并且停喷转抽初期地层能量充足,举升容易,油井生产系统所承受的负荷小;随着生产的进行,油层温度逐渐降低,井筒内原油黏度逐渐加大,并且后期地层能量不足,油井抽汲出现光杆下行困难,这时油井生产系统所承受的负荷是最大的。推荐营 13 东二段热采水平井选择 600 型皮带机。

4)生产管柱

热采水平井生产管柱如图 4-4-8 所示。

水平井管柱从下至上为:泵柱塞 + 抽油杆 + 3½ in 油管。

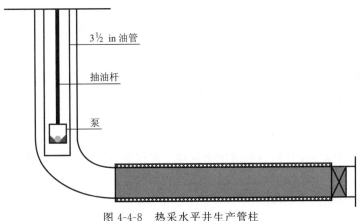

图 4-4-8　热采水平井生产管柱

四、监测工艺

针对营 13 东二段的采油方式,为了取得良好的开发效果,获得最大的经济效益,应在开发过程中采取监测工艺。监测工艺应包括注汽监测和生产井动态监测。

1. 注汽监测工艺

在注汽开采稠油过程中,蒸汽的温度、压力、流量、干度以及油层的吸汽剖面对于开采效果有着重要的影响。为了保证良好的注汽效果,要对注汽过程进行监测。

1)注汽监测的内容及基本要求

(1)隔热油管隔热性能测试。

隔热管柱下井前必须进行隔热油管视导热系数的测试。为保证注汽质量,不合格者不得下井。

(2)锅炉出口蒸汽的干度监测。

为保证锅炉出口蒸汽干度不低于 70%,锅炉出口蒸汽干度必须每小时化验一次。

(3)井口蒸汽的干度、流量监测。

由于各井吸汽能力、管线配置及长短等存在差异,注入各井的蒸汽流量、干度也相差甚远。因此要求每天测试一次井口注入蒸汽的干度和流量。

(4)井筒注汽参数及吸汽剖面监测。

为了掌握井筒中蒸汽干度的变化情况,以确定注入热量和井筒隔热效果,要求在注汽稳定后,进行温度、压力、流量、干度四参数及吸汽剖面测试。

2)注汽监测技术

(1)监测目的。

性能良好的隔热油管在注汽时能减少井筒热损失、提高注汽质量、保护油井套管安全、提高油井的产量,但隔热油管在使用超过 5 个轮次的蒸汽吞吐周期后,部分隔热油管隔热性能已经变差,不能满足注汽的要求。用这些隔热油管注汽除了不能起到以上作用外,在试油时还不能获得油井真正的生产能力,对试油结果产生影响。因此为了保证试油结果的准确可靠性,必须保证隔热油管的质量,也必须对试油注汽用的隔热油管进行隔热性能测试、报废,使隔热性能差的隔热油管不下井。

(2)标准。

根据胜利石油管理局企业标准(Q/SL 1146—1995),当隔热油管的视导热系数达到 0.1 W/(m·℃)时,就必须报废,禁止使用。

(3)测试要求。

现场准备电压为 380 V、总功率为 10 kW 的电源。

2. 分流分相式汽水两相流量计测试井口参数

利用分流分相原理设计的汽水两相流量计一次仪表及数据采集装置对井口的注汽参数进行抽检。

技术指标取值见表 4-4-12。

表 4-4-12 井口注汽技术指标取值

表 4-4-12 井口注汽技术指标取值

技 术 指 标	取　　值	技 术 指 标	取　　值
流量测量范围	4.0～11.5 t/h	干度测量范围	10%～90%
最高工作压力	22 MPa	最高工作温度	374 ℃
流量测量精度	6%	干度测量精度	6%

建议营13东二段安装2套节流装置,配2套二次仪表。

3. 生产水平井温度剖面测试及解释技术

放喷后转周期注汽前,利用连续油管或者普通油管测试水平段温度剖面,通过对温度数据的间接分析热采水平井段的动用情况及相关注采剖面情况。

技术指标:压力,0～30 MPa;温度,0～200 ℃。

建议选取3口水平井进行微温差测试。

第五节 营13东二段油藏健康、安全、环境管理体系要求

职业健康、安全生产、保护环境是国家对国有大型企业生产活动的最基本要求,根据《中华人民共和国劳动法》《中华人民共和国安全生产法》《中华人民共和国环境保护法》的有关规定,依据国家及石油天然气行业关于健康、安全和环保相关技术规范要求,本着石油天然气勘探开发生产建设必须与环境保护同步规划、同步实施、同步发展以及"以人为本、安全第一"的建产原则,严格遵照本地区有关环境保护法规,对采油工程方案实施过程中涉及的一系列 HSE(Health,Safety and Environment)相关注意事项进行规范。

一、环境保护

1. 环境保护的目的

根据该油田采油工程现状和环境保护的要求,采油过程中环境保护的目标是:

(1)采油工程设计中将油井生产安全作为首要的环保因素,采取井下安全系统和地面安全系统双重保护措施,所有设备的选择将安全和环保作为重要因素进行优选,确保油井生产安全,杜绝井喷等严重油井事故对环境造成的污染。

(2)增产措施和作业过程入井液尽可能采用污染程度较低的添加剂,对于返排液体的处理严格按照行业有关规范执行,对于采油过程中污水的处理做到排放达标率达到95%以上,避免对地表和地下水造成污染,使其地下浅水水质符合《地下水质量标准》(GB/T 14848—93)中的Ⅳ级标准。

(3)采取措施保护好工区内的土壤及生态环境质量,避免地表地貌遭受破坏,使其符合《土壤环境质量标准》(GB 15618—1995)中的Ⅱ级标准和土壤中有关元素的允许含量值。

(4)采取切实措施避免原油的跑、冒、滴、漏现象,对于落地原油的回收达到90%以上,

符合中华人民共和国石然天然气行业标准的有关规定。

（5）油田开发要减少对植被、稻田等自然综合体的直接破坏和生态环境的影响,维持其原有的生态水平。

2. 主要污染物及防治措施

1）主要污染物

油田的主要污染物有废气、污水、污油、废渣和噪声等(表 4-5-1)。

表 4-5-1 油田开发主要污染源

名 称	组 成
大气污染源	井口、计量分离站和集中处理站加热炉排烟,联合站罐区排放的烃气,蒸汽锅炉排烟,放空火炬和放空管,集中处理站和凝析油液化气装车栈桥散发的烃类气体,钻井、柴油机废气,试油、作业等放空污染,开停工和事故时管线及设备放空
水污染源	钻井污水、采气污水、落地油、分子筛脱水吸附出水,井站机泵、换热器、阀门等跑、冒、滴、漏造成的污染水,洗井、作业造成污油污染水,锅炉房排出的污水,站及作业区排出的生活污水及其他污水
固体废弃物	污水处理的污油底泥,钻井废弃泥浆、岩屑及污水污油泥,油罐清除沉积物,废弃的分子筛、生活垃圾等
噪 声	气体放空,减压阀,事故放空火炬,蒸汽锅炉,钻机、柴油机、钻井泵以及车辆等

2）防治措施

环境保护工作是采油工艺措施中不可忽视的一个重要问题,在采油工艺实施过程中必须符合国家颁发的环境保护设计规范及规定的要求。为此采取以下措施:

（1）废气控制措施。采油人员兼职环保人员,对输油管线连接处阀门及设备进行定期检查,防止油气跑、冒、滴、漏;采用油气密闭集输和密闭处理流程,实现烃蒸气回收。

（2）含油污水处理措施。生产中产生的含油污水,经污水处理装置处理后,近期回灌到地层内,远期作为油田注水水源,回注地下。

（3）作业、洗井用水处理措施。此类不含油污水集中进排水管网,进入污水池后排至站外蒸发。

（4）污油处理措施。污水中的污油经污水处理装置回收到原油生产流程,落地油回收处理。

（5）噪声治理措施。选用低噪音机泵,对机泵噪声较大的场所采用隔音或减震措施。

以上措施都要按照《石油行业环境保护及环境监测岗位规范》和胜利石油管理局有关的环保工作要求,完善各项作业过程的操作规范标准。

二、健康及安全

1. 钻井的健康、安全措施

1）一般钻井安全措施

（1）上钻台必须佩戴安全帽,高空作业必须系好安全带。

（2）按消防规定配齐消防器材和工具。

（3）消防器材、工具要求合理摆放，定岗定人负责管理，管理人员必须懂得操作要领、维护、保养并更换失效药剂。

（4）钻台上、下机泵房周围禁止堆放易燃物和化学物品，钻台、机房下无积油。

（5）井场内严禁烟火。避免在井场使用电、气焊，如遇特殊情况非动火不可，必须按规定采取完善的安全防火措施后方可动火。

（6）井架、钻台、机泵房的照明线路应各接一组电源，全部采用防爆灯；探照灯电路应单独安装；距井口 30 m 内的电器设备必须使用防爆开关、防爆马达。

（7）加强对油罐、氧气瓶、乙炔发生器等易燃易爆物的管理，采取安全保护措施。

（8）井场配备消防车值班，并与消防队、医院保持联系，以备紧急情况时调用。

（9）如钻进中发现硫化氢气体或在钻遇含硫气层前，应配备防毒面具和便携式硫化氢监测器，避免人身伤亡。医务人员应到现场值班。

（10）严格执行中国石油化工集团公司关于井场安全管理规定和安全操作规程。

2）近平衡钻井安全措施

（1）近平衡钻进期间井场所用电机及电控制装置（包括离心机、搅拌机、鼓风机等）必须防爆。

（2）进入井场的车辆必须带防火帽。

（3）柴油机排气管带防火罩，并配备在充满天然气环境中的停车装置。

（4）消防工具、灭火器材在常规标准的基础上，在液气分离器、循环罐、钻台上下等关键部位额外增加 8 L 干粉和 100 L 泡沫灭火机各 4 台。

（5）钻台上下、循环罐配备 3 台鼓风机，以防有害或可燃气体聚集。

（6）外循环系统的点火装置应距井口下风向 50 m 以外，以防发生火灾，殃及井口。

（7）三开前配备至少 20 套防毒面具、2 台有毒气体检测仪。发现硫化氢后，立即停止近平衡作业，根据硫化氢浓度、井口压力大小等采取有效压井措施。

（8）储备足够的加重钻井液和加重材料，井场储备钻井液、水源充足，以备随时使用。

（9）井场工作人员严禁吸烟，近平衡作业期间，严禁动用明待火及电、气焊；带电作业时，防止电打火。

（10）现场人员要接受井控、消防、HSE 培训，并熟练使用个人防护用品，井架工以上岗位均持证上岗。

2. 采油的健康、安全措施

采油安全主要是如何有效防止和及时控制井喷、泄油等事故。

（1）产量高的井建议增加井口安全阀。

（2）修井作业机必须装有防碰撞装置。

（3）稠油降黏过程中，化学剂严禁使用类似二甲苯的有毒致癌药品。

（4）井场 50 m 内严禁使用明火。

3. 地面建设设施的健康、安全措施

生产装置和场所均为甲类火灾危险场所，且有压力容器和高压设备，对职业安全卫生有一定的潜在危害性。工艺介质为原油、天然气等，均属易燃、易爆介质，在生产、储存、输送过

程中,都存在火灾和爆炸事故危险。要求如下:

(1) 在整体布局和厂站平面布置时,严格执行国家和行业的现行规范和规定。厂站严格按防火、防爆间距布置;厂房及构筑物按规定等级设计;站内建(构)筑物、设备之间防火间距严格按照《石油天然气工程设计防火规范》(GB 50183—2004)和《建筑设计防火规范》(GB 50016—2014)执行。

(2) 电气设备设漏电保护,管线、机泵设防静电接地。

(3) 对可能产生油气集聚的油泵房、阀组间、计量间设有良好的通风设施,保证有害气体含量符合《工业企业设计卫生标准》要求。

(4) 压力容器严格按《钢制石油化工压力容器设计规定》和《压力容器安全监察规程》执行。

(5) 定期对可燃气体进行检测化验,对安全阀设紧急放空设施并进行检查校验。在油气易集聚场所安装可燃气体报警器,实施 24 h 监测。

(6) 各油气集输场所按规定设置消防设施。除固定消防设施外,其他消防设施定点定位放置。

(7) 电气设备均按照工作介质火灾危险类别及防爆场所等级区域范围选用。

(8) 旋转设备转动部件外露部分设置防爆罩。管道、设备表面温度超过 60 ℃、操作人员容易接触到的部位设防烫伤保温层,管道、设备表面温度低于 0 ℃、操作人员容易接触到的部位设防冻伤隔热层。

(9) 锅炉设有:水位控制自动上水,超高、超低水位报警;蒸汽压力超高报警并关断供气;熄火报警;风机风压低报警;排烟温度高报警。

(10) 锅炉、压力容器及压力管道均设有安全阀,将气体放空,排向安全地点,以确保设备及人身安全。易燃、易爆系统及压力容器、设备均设安全泄放系统。

(11) 锅炉房及热力管网区内均考虑消防,配有消防栓和灭火器。

(12) 锅炉房内设置可燃气体浓度监测及报警装置,防止天然气管线泄漏发生爆炸。

(13) 对于转动设备,要求供货商提供噪声符合规范要求的产品;对于振动设备,做好基础设计及管道减震设计。

(14) 严格岗位责任制,上岗职工一定要达到上岗技术要求,否则不准上岗。

在油田生产过程中,节能降耗、降本增效是提高油田经济效益的主要手段,本工程在原油生产中的每个环节都采取了有效措施。

第五章

营 13 东二段油藏热采水平井防窜控水开发实践

针对营 13 断块东二段油藏注水开发存在的问题,自 2011 年起在该块油藏进行热采开发,截至 2013 年先后对该块 22 口水平井进行稠油热采施工,其中正常开井 19 口,日产液 466.7 m³/d,日产油 112.8 t/d,累计增油 4.4×10⁴ t,热采开发效果理想。

由于营 13 断块东二段边底水活跃以及热采水平井的井身轨迹差等原因,随着生产时间的延长,营 13 断块东二段油藏部分热采水平井的产液已经高含水,开发效率低,影响东辛热采水平井开发效果,亟须治理,以提高油井产能。

为此根据营 13 断块东二段稠油油藏的特点,进行热采水平井含水上升规律研究和热采水平井防窜控水技术研究,同时结合数值模拟对热采水平井堵水技术进行优化,以提高热采水平井防窜控水措施施工效果。

第一节 营 13 东二段油藏热采概况

一、营 13 东二段稠油油藏热采开发概况

自 2011 年在前期稠油热采开发的基础上,通过对营 13 断块东二段油藏的地质资料进行整理分析,对完井方式和热采工艺进行优选论证,对该块油藏进行热采开发。到 2013 年年底先后对该块 22 口热采水平井进行蒸汽吞吐施工,其中开井 19 口,日产液 578.7 t/d,日产油 89.3 t/d,累积注汽 2.8×10⁴ t,累计增油 6.1×10⁴ t,累积油汽比 2.18 m³/m³,热采开发效果理想(表 5-1-1)。

表 5-1-1 营 13 东二段油藏热采井开发效果

井 号	开井时间	生产情况			有效期 /d	注汽量 /t	周期产油量 /t	油汽比 /(m·m⁻³)	备 注
		日产液量 /(m³·d⁻¹)	日产油量 /(t·d⁻¹)	含水率 /%					
DXY13P10	2011.12.30	21.3	2.8	86.5	697	1 625	6 002.9	3.69	
DXY13P11	2012.03.06	23.7	4.4	81.4	630	1 501	5 385.5	3.59	
DXY13P12	2011.10.29	53.1	1.5	97.1	758	1 104	2 365.2	2.14	

续表

井 号	开井时间	生产情况			有效期/d	注汽量/t	周期产油量/t	油汽比/(m·m⁻³)	备 注
		日产液量/(m³·d⁻¹)	日产油量/(t·d⁻¹)	含水率/%					
DXY13P13	2011.10.11	22.5	0.9	95.9	418	1 201	611.7	0.51	2012.12.01 堵水转周
DXY13P15	2012.04.11	27.9	0.4	98.4	432	1 203	1 829.0	1.52	2013.08.20 杆断停
DXY13P16	2012.09.19	21.6	2.8	86.1	229	800	1 681.1	2.10	2013.05.07 堵水转周
DXY13P17	2012.09.15	17.4	3.1	81.7	437	1 200	4 273.1	3.56	
DXY13P18	2012.04.11	21.6	4.0	81.2	595	703	5 910.5	8.41	
DXY13P19	2012.05.01	22.5	6.1	72.5	573	800	5 092.4	6.37	
DXY13P20	2012.08.16	15.0	0.2	98.5	225	1 350	386.2	0.29	2013.03.08 高含水停
DXY13P21	2012.11.12	12.3	1.4	88.1	379	1 000	1 256.6	1.26	
DXY13P22	2012.10.14	19.5	2.9	85.1	407	1 000	2 489.5	2.49	
DXY13P23	2012.11.08	21.6	11.3	47.5	383	1 500	5 442.7	3.63	
DXY13P24	2012.08.12	10.2	0.4	95.8	185	1 041	1 034.3	0.99	2013.02.12 油管漏停
DXY13P25	2012.10.16	3.3	1.3	59.3	156	1 102	789.3	0.72	2013.05.27 转周注汽
DXY13P26	2012.11.09	21.9	5.5	74.8	379	1 001	2 426.8	2.42	
DXY13P27	2012.11.11	18.3	2.7	84.9	295	322	358.2	1.11	
DXY13P28	2012.11.06	19.8	9.9	49.5	385	1 000	3 479.3	3.48	
DXY13P29	2013.01.08	15.6	2.2	85.8	320	816	1 304.2	1.60	
DXY13P30	2012.09.22	24.9	6.8	72.5	423	1 200	3 230.5	2.69	
DXY13P31	2012.11.14	18.0	1.2	93.0	256	1 100	320.7	0.29	
DXY13P32	2013.04.07	55.2	12.4	77.4	233	1 824	4 032.3	2.21	
DXY13P13 (第 2 轮)	2013.01.14	45.6	0.7	98.4	317	800	505.6	0.63	
DXY13P16 (第 2 轮)	2013.06.16	27.9	3.5	87.1	165	1 000	852.5	0.85	
DXY13P25 (第 2 轮)	2013.06.24	18.0	0.9	94.5	155	2 115	547.2	0.26	
合 计						28 308	61 607.3	2.18	

其中,营 13 平 11 井先冷采后热采,前后对比热采效果明显。该井于 2011 年 11 月新投产,冷采开发效果不理想,日产油仅 5.2 t/d,远低于预期值。

通过分析可知,这主要是由于该井开发油层原油黏度高、地层能量下降快,导致该井产能较低。针对这种情况,利用稠油热采注汽工艺注汽时间短、见效快等特点,对该井实施热采注汽措施,2012 年 2 月 21—26 日注汽 1 500 t,措施后,该井开发效果明显提升,产能提升近 180%,日产液从热采前的 11.4 t/d 提高到 29.4 t/d,日产油增加 11 t,动液面从 700 多米提高至井口,井口温度提高 20 ℃,且示功图显示该井热采后负荷明显降低,降幅达 40%。截至 2013 年 11 月,该井日产液 24 t/d,日产油 4.4 t/d,热采后稳定生产已达 633 d,增油 5 398.8 t,热采效果显著。

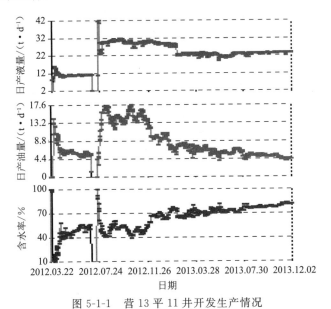

图 5-1-1　营 13 平 11 井开发生产情况

二、营 13 东二段稠油油藏热采工艺概况

对于稠油油层注汽热采开发,提高井底蒸汽干度、降低热损失是至关重要的,是稠油油藏热采开发能否取得良好效果的关键因素之一。

从图 5-1-2 中可以看出,同一压力下,热损失率随着管线长度的增加而增大;在注入流量与干度一定的情况下,随着注入压力的增大,管线热损失率也逐渐增大。这是由于蒸汽压力越高,蒸汽温度就越高,所以向外传递的热量就越多,热损失率也就越大。

东辛采油厂为降低注汽时的井筒热损失,选用材质为 P110H 的 $\Phi114$ mm × $\Phi62$ mm 高真空隔热油管进行施工(表 5-1-2),同时隔热油管接箍处加装密封圈,丝扣抹高温密封脂,为提高井筒隔热效果,油套环空采取氮气或氩气隔热,取得了良好的效果。

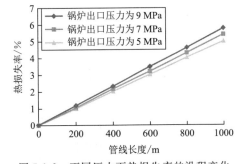

图 5-1-2　不同压力下热损失率的沿程变化

表 5-1-2　隔热油管性能参数表

型　号	隔热方式	视导热系数/(W·m⁻¹·K⁻¹)
Ⅰ型隔热油管	珍珠岩粉	$0.07\sim0.08$
Ⅱ型隔热油管	铝箔＋硅酸铝纤维＋氩气	$0.04\sim0.08$
Ⅲ型隔热油管	铝箔＋硅酸铝纤维＋氮气＋吸氢剂	$0.03\sim0.08$
高真空隔热油管	铝箔＋玻璃纤维＋氮气＋吸氢剂	$0.003\sim0.015$

1. 典型井例—营 13 平 32 井

该井于 2013 年 3 月注汽开发，设计注汽 2 000 t，实际注汽 1 824 t，后因锅炉故障停炉。进行现场测试时累计注汽 1 464 t，测试锅炉出口蒸汽干度为 74％，井口蒸汽干度（30 m）为 68％，测试显示井筒内蒸汽干度下降幅度约为 2％/100 m，计算热损失率为 0.87％/100 m（表 5-1-3）。

表 5-1-3　营 13 平 32 井注汽参数表

参数名称	取　值	参数名称	取　值
锅炉出口温度/℃	337	设计注汽量/t	2 000
锅炉出口压力/MPa	15	累积注汽量/t	1 464
锅炉出口排量/(t·h⁻¹)	9	井口压力/MPa	13.6
锅炉出口蒸汽干度/%	74	井口温度/℃	337.4
注汽队	新大通	地面管线长度/m	20
注汽方式	1 炉 1 井		

1）热采水平井井底蒸汽干度测试

现场通过采用井下任意点蒸汽干度取样测试器进行井底蒸汽干度取样测试，化验后获得蒸汽干度资料。在营 13 平 32 井和营 13 平 31 井进行了现场取样测试。

营 13 平 32 井井底蒸汽干度测试时，锅炉出口蒸汽干度为 74％，压力为 15 MPa，井口蒸汽干度（30 m）为 68％（图 5-1-3）。

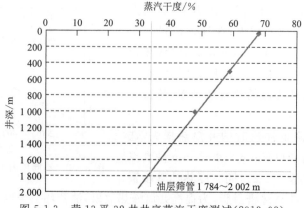

图 5-1-3　营 13 平 32 井井底蒸汽干度测试（2013.03）

营13平31井井底蒸汽干度测试时,锅炉出口蒸汽干度为73%,压力为14 MPa,井口蒸汽干度(30 m)为69%(图5-1-4)。

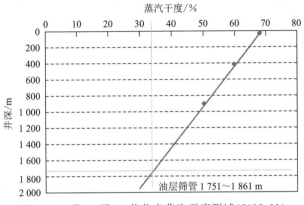

图5-1-4 营13平31井井底蒸汽干度测试(2012.11)

据此可以分析,两口热采井井底蒸汽干度取样测试结果显示,蒸汽干度随井深增加而呈线性下降,下降幅度约为−2%/100 m。通过测点蒸汽干度分析,推算两口井蒸汽干度与井深成线性关系,油层入口蒸汽干度约为33%。

2)井筒热损失计算

(1)实际测试井筒热损失。

营13平32井井筒热损失测试见表5-1-4。

表5-1-4 营13平32井井筒热损失测试

井深/m	压力/MPa	温度/℃	热损失/(kJ·kg⁻¹)	隔热油管温度/℃
5	13.616	337.7	0	130.72
100	13.699	338.5	18.96	130.98
200	13.798	339.2	38.98	131.21
300	13.917	340.3	59.05	131.53
400	14.012	340.8	79.17	131.72
500	14.023	341.1	99.33	131.80
600	14.114	341.5	119.50	131.92
800	14.317	342.5	159.94	132.22
900	14.388	342.8	180.19	132.33
1 000	14.418	342.9	200.47	132.38

(2)实际注汽热损失率。

注汽时井口蒸汽热量值参数为:蒸汽在井口入口时,温度337.7 ℃,压力13.616 MPa,蒸汽干度68%。可查询饱和蒸汽热焓值表,通过如下计算得到蒸汽热焓:

$$H_m = H_w(1-x) + H_s x \qquad (5-1-1)$$

式中 H_m——蒸汽热焓,kJ/kg;

H_w——混合蒸汽中饱和水的热焓,kJ/kg;

H_s——干饱和蒸汽的热焓, kJ/kg。

通过计算可得营 13 平 32 井蒸汽热焓值为 2 297.6 kJ/kg, 现场测试井下 1 000 m 处热损失为 200.47 kJ/kg, 注汽时热损失率为: 200.47/2 297.6 = 8.7%(千米热损失率) = 0.87%(百米热损失率)。营 13 平 32 井注汽井筒按照井深 1 784 m 计算, 则总热损失率为: 1 784/100 × 0.87% = 15.5%。

2. 营 13 东二段热采水平井注汽效果

东辛营 13 东二段共投产热采水平井 22 口 (表 5-1-5), 油层垂深约 1 510～1 560 m, 注汽均采用亚临界锅炉, 锅炉出口蒸汽干度一般为 70%～74%, 油层入口深度在 1 600～2 000 m 之间。通过计算, 折算注汽时井底蒸汽干度为 28%～38%。

表 5-1-5 营 13 东二段热采水平井生产情况

井 号	开井时间	注汽量/t	油层深度/m	锅炉出口			
				排量 /(t·h⁻¹)	蒸汽干度 /%	温度 /℃	压力 /MPa
DXY13P10	2011.12.30	1 625	1 745～1 923	9	72.9	341	14.5
DXY13P11	2012.03.06	1 501	1 665～1 822	12	74	348	16.5
DXY13P12	2011.10.29	1 104	1 722～1 890	9	71	354	16.5
DXY13P13	2011.10.11	1 201	1 846～2 047	9	72	343	15.4
DXY13P15	2012.04.11	1 203	1 802～1 988	11	74	348	16.2
DXY13P16	2012.09.19	800	1 718～1 850	10	73.6	353	17.2
DXY13P17	2012.09.15	1 200	1 779～1 890	10	73	352	17
DXY13P18	2012.04.11	703	1 732～1 815	13	70	345	15
DXY13P19	2012.05.01	800	1 727～1 817	13	74	350	16.5
DXY13P20	2012.08.16	1 350	1 799～1 980	10	73	348	16.2
DXY13P21	2012.11.12	1 000	1 757～1 877	10	74	352	16.6
DXY13P22	2012.10.14	1 000	1 627～1 758	9	61	358	18.5
DXY13P23	2012.11.08	1 500	1 707～1 938	9	68	359	18.7
DXY13P24	2012.08.12	1 041	2 017～2 148	10	74	344	15.5
DXY13P25	2012.10.16	1 102	1 700～1 909	12	73.6	346	15.7
DXY13P26	2012.11.09	1 001	1 781～1 880	8	73.1	353	17
DXY13P27	2012.11.11	322	2 047～2 091	7	0	230	19.3
DXY13P28	2012.11.06	1 000	1 824～1 937	8	73	348	15.6
DXY13P29	2013.01.08	816	1 784～1 850	8	73.2	328	13.1
DXY13P30	2012.09.22	1 200	1 609～1 698	12	73.3	343	15.4
DXY13P31	2012.11.14	1 100	1 751～1 861	9	75	338	14.1
DXY13P32	2013.04.07	1 824	1 784～2 002	9	74.1	335	15

三、营 13 东二段稠油油藏热采现状

营 13 东二段油藏热采开发的生产形势表现为：无水采油期短，大部分热采水平井投产后，含水率很快就达到 30%～40%，投产一年后，含水率能达到 70%～80%，且基本保持稳定，生产情况良好。

部分热采水平井由于受油藏地质和水平井井身结构等因素的影响，投产后很快就高含水，开发效率低，影响了热采水平井的整体开发效果。

高含水热采水平井的低效开发严重影响东辛稠油热采开发效果，几口热采水平井的高含水原因各不相同，需要通过深入分析研究，分析含水上升规律，确定出水原因，有针对性地进行防窜控水治理。对此，进行了以下几方面的研究工作：

（1）进行热采水平井含水上升规律研究，分析含水上升影响因素。

（2）根据热采水平井油藏地质信息，结合热采水平井井身轨迹和油藏边底水分布特征，进行高含水热采水平井出水原因分析。

（3）进行热采水平井堵水技术研究，筛选适合东辛稠油的热采水平井堵水技术。

（4）优化施工方案，进行现场试验。

第二节　营 13 东二段油藏热采水平井转周时机数值模拟

应用 CMG 软件的 STARS 模块进行模拟，该模块是一个三维多组分热采与化学驱数值模拟器，适用于注蒸汽、溶剂、空气以及化学驱等许多提高采收率过程的模拟。该模块在同类软件中占有显著的领先地位。

一、数值地质模型

在营 13 东二段选取营 13 平 17 井（DXY13P17），应用 CMG 软件 STARS 模块进行模拟。营 13 平 17 井位于东二 2^{2-1} 小层，其所处的位置为一个单独的小块，被断层与周围隔开（图 5-2-1）。

CMG 软件热采数值模拟模型主要可分为三个部分：静态地质模型、岩石流体性质模型和生产动态模型。

1. 静态地质模型

静态地质模型主要用于描述油藏的地质特征，包括顶部深度、有效厚度、渗透率、孔隙度的分布等。营 13 平 17 井区顶部深度分布情况如图 5-2-1 所示，有效厚度分布情况如图 5-2-2 所示。

考虑到营 13 平 17 井所在小块的孔隙度、渗透率分布情况不明，取营 13 平 17 测井成果表中数据的加权平均值进行导入。将图 5-2-1 数字化后导入 CMG 软件中，选用正交角点网格对其进行网格化，I,J 和 K 3 个方向上网格数分别为 $150 \times 55 \times 1 = 8\,250$，$I$ 和 J 方向上网格宽度均为 10 m，I 和 J 方向顶部深度平面图如图 5-2-3 所示，K 方向上网格宽度按照有效厚度分布而分布。

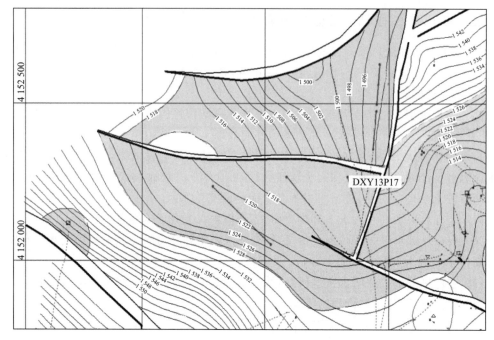

图 5-2-1　DXY13P17 井区东二 2$^{2\text{-}1}$ 顶面微构造图

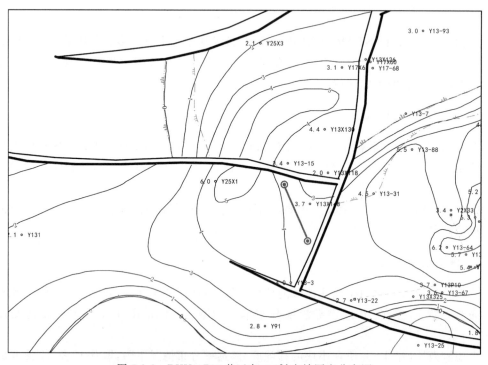

图 5-2-2　DXY13P17 井区东二 2$^{2\text{-}1}$ 有效厚度分布图

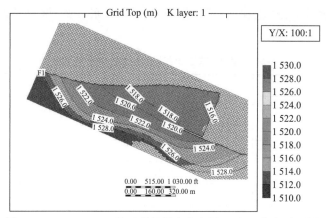

图 5-2-3　DXY13P17 井区顶部深度分布图（I 和 J 方向平面图）

将有效厚度分布图数字化后导入 CMG 软件，3D 图如图 5-2-4、图 5-2-5 所示。

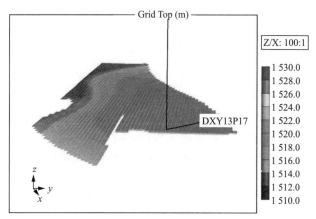

图 5-2-4　DXY13P17 井区顶部深度分布图（3D 图）

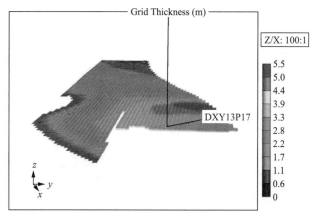

图 5-2-5　DXY13P17 井区有效厚度分布图（3D 图）

2. 岩石流体性质模型

岩石流体性质模型主要用于描述岩石流体的性质及油藏的渗流特征，包括油层及流体物性、流体相对渗透率、流体饱和度、压力分布等。营 13 东二 2^{2-1} 油层及流体物性基本参数见表 5-2-1。

表 5-2-1　营 13 东二 2^{2-1} 油层及流体物性基本参数

基本参数	单　位	取　值
油层温度	℃	70
原油相对密度		0.94
原始地层压力	MPa	15.4
目前地层压力	MPa	14.5
压力系数		0.95
原油热传导系数	W/(m·℃)	1.15×10^4
水热传导系数	W/(m·℃)	5.35×10^4
岩石压缩系数	kPa^{-1}	8.56×10^{-6}
油层岩石热容	J/℃	2.347×10^6
油层导热系数	J/(m·℃)	6.6×10^6
上覆下岩石热容	J/℃	2.347×10^6
上覆下岩石导热系数	J/(m·℃)	1.496×10^5

对于稠油热采,原油的黏温曲线是非常重要的参数,数值模拟计算所用的原油黏温曲线是根据营 13 平 17 井的原油黏度与温度的关系(图 5-2-6)得出的;数值模拟计算所需的油水相渗曲线和汽液相渗曲线的数据由实验测定(图 5-2-7、图 5-2-8)。

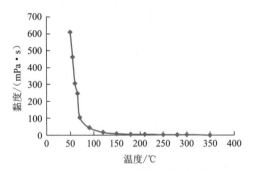

图 5-2-6　DXY13P17 井原油黏温曲线

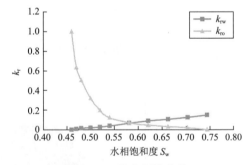

图 5-2-7　油水相渗曲线

3. 生产动态模型

生产动态模型就是将生产动态数据转换为数值模拟软件可以识别的文件形式,以用于实际的生产计算。动态数据是指一切与时间相关的数据,主要包括注汽数据、生产数据、完井数据等。本次数值模拟的动态数据包括:注入蒸汽的压力、温度、干度及日注量;注入 CO_2 的压力、温度及日注量;开井生产的日产液量、日产油量、日

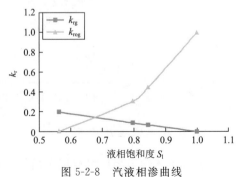

图 5-2-8　汽液相渗曲线

产水量;完井数据为营13平17的井身轨迹数据、生产井段数据。

二、生产历史拟合

结合数值模拟调参原则及营13平17井区的油藏实际数据资料,主要依照以下几个原则进行调参:

(1) 构造模型基本可靠,几乎不用做调整。营13平17井所在小块的构造模型是将地质图件进行数字化后建立的,所以基本准确。

(2) 孔隙度模型基本可靠,可视为确定参数,基本不用做调整,若要调整,改动范围控制在3%以内。本次数值模拟中,由于只有营13平17井的孔隙度数据,而该小块的孔隙度分布情况不明,所以数值模拟中使用营13平17井的孔隙度数据作为小块的孔隙度分布进行处理。

(3) 渗透率模型的可靠程度较差,在任何油田几乎都属于不定参数,因为渗透率本身是通过测井二次解释计算出来的,误差较大,因此,对于渗透率可以进行大幅度的调整。本次数值模拟中,由于只有营13平17井的渗透率数据,而该小块的渗透率分布情况不明,所以数值模拟中使用营13平17井的渗透率数据作为小块的渗透率分布进行处理。

(4) 有效厚度模型也基本可靠,几乎不用做调整。营13平17井所在小块的构造模型是将地质图件进行数字化后建立的,所以基本准确。

(5) 相对渗透率曲线有一定误差。因为相对渗透率曲线来源于岩心的测试实验资料,而油藏模拟网格非均质性比较严重,因此,局部的岩石特征很难准确反映整个油藏储层的性质。所以在历史拟合的过程中,对比油藏数值模拟生产动态,可对相渗曲线做出适度的调整,还可应用软件对岩石物性的分区功能对相渗曲线进行分区设置。

(6) 岩石压缩系数允许适度的调整。虽然岩石压缩系数是由实验测得的,但由于它受岩石内流体及应力状态的影响,会有一定变化。而且实际地层与有效厚度连接的非有效厚度部分会包含一定孔隙及流体,开发时会起到一定的弹性作用,若考虑此影响,则可以适度增大岩石压缩系数。

(7) 流体的压缩系数由于是由实验测定的,变化范围较小,可基本认为是确定的。

(8) 油藏初始压力基本认为是确定参数,若要调整,允许小幅度修改。

(9) 油、气的PVT数据是确定参数,拟合中不做修改。

稠油油藏蒸汽吞吐开发数值模拟模型仅包含营13平17一口井,因此历史拟合仅仅进行了单井的注CO_2量、注汽量、日产液量、日产油量、日产水量以及累积产油量的拟合。历史拟合的时间是从2012年8月27日到2013年9月1日。从图5-2-9、图5-2-10可以看出,注CO_2量和注汽量是完全吻合的。

稠油油藏蒸汽吞吐开发数值模拟模型历史拟合采用的是定液量拟合产油、产水的方法,所以日产液量也是完全吻合的,如图5-2-11所示。日产油量、日产水量、累积产油量拟合曲线如图5-2-12~5-2-14所示。

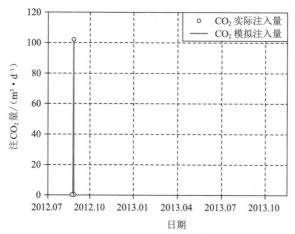

图 5-2-9　DXY13P17 井注 CO_2 量拟合曲线

图 5-2-10　DXY13P17 井注汽量拟合曲线

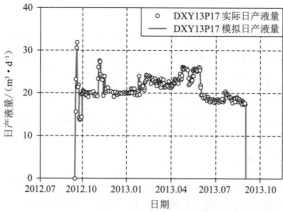

图 5-2-11　DXY13P17 井日产液量拟合曲线

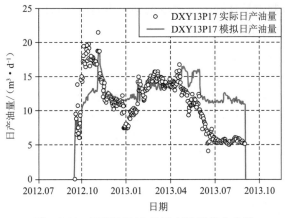

图 5-2-12　DXY13P17 井日产油量拟合曲线

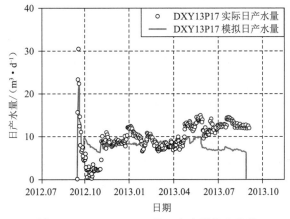

图 5-2-13　DXY13P17 井日产水量拟合曲线

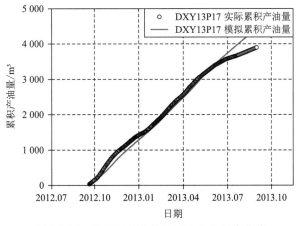

图 5-2-14　DXY13P17 井累积产油量拟合曲线

三、生产动态预测

在历史拟合的基础上,开发过程的不可逆性决定了再现开发历史只不过是为了加深对油藏现状的认识,总结以往的经验教训,确定剩余油分布规律等。而油藏数值模拟的主要任务是预测油田的未来,制定最佳开发方案或调整方案,获得最佳的效益。本次数值模拟主要对以下几个方面进行分析预测。

1. 蒸汽吞吐转周时机预测

蒸汽吞吐转周是指注汽焖井生产一个周期结束,进入一个新周期的注汽焖井生产。若过早进入下一周期吞吐,则本周期吞吐的效果未能充分发挥;若进入下一周期吞吐太迟,则本周期的后期将长时间以低日产油水平生产,也无法取得良好的效益。因此,选择合适的转周时机,合理地调整转周参数,方可获得最大的累积产油量。综合现场实际的注汽和生产参数,选择出影响转周效果的 7 个因素。

1)产液速度

产液速度是影响注汽开发效果的工艺参数之一。若产液速度较低,油层上下岩层的热损失率就会较高,热效率较低,开采效果较差。为了充分利用通过蒸汽注入油层的热能,开采过程中,要尽可能地以较高的产液速度来生产,即趁热快采以提高油层热能的利用率。但产液速度过高也不可,这样会导致井底压力过快下降,不利于原油的开采。营 13 区块油层厚度较薄,热损失较大,考虑到稠油开采需要一定的启动压力,所以产液速度不能偏低;营 13 区块边底水活跃,过高的产液速度会导致含水上升迅速,从而使得注汽开发效果变差。因此,需要根据实际情况选择一个合适的产液速度。

2)转周时最低日产油量

当日产油量降至一个较低值时考虑转周。若该值偏高,则会使得该轮次的注汽效果不能充分发挥;若该值偏低,则会使得低产期过长,油藏得不到有效、充分的动用,且营 13 区块边底水活跃,当来水完全突破后将大大增加以后的开采难度。

3)周期注汽量

周期注汽量是指一个吞吐周期内由锅炉向井底油层注入的蒸汽量。它的大小主要取决于油藏自身的条件,如油层厚度、油层及流体物性、原油黏度等。由于它决定着加热带半径的大小,对油藏蒸汽吞吐效果的影响较大,因此它是影响蒸汽吞吐效果的最主要参数之一。

周期注汽量对注汽效果主要有以下影响:① 随着周期注汽量的增大,加热带面积增加的速度减缓,周期产油量增加的幅度减小,油汽比降低;② 若周期注汽量过大,则会导致井底压力增加,从而影响井底蒸汽干度的提高,同时周期注汽量过大,对应的注汽时间延长,随着油汽比的下降,可能导致油井停产作业的时间变长;③ 若周期注汽量过小,则蒸汽吞吐井开井生产时,其产油量的峰值会比较低,且增产周期会比较短,从而导致周期累积产油量较低。综上分析可知,周期注汽量应存在一个优选的值。

4)注汽速度

注汽速度是影响蒸汽吞吐注汽效果的另一重要因素。其对注汽效果的主要影响有:① 注汽速度的提高有利于降低井筒热损失率,提高到达井底的蒸汽的干度,改善注汽效果,同时,注汽速度的提高还有利于缩短注汽时间,减少停工作业时间,在一定程度上起到增产的作用;② 注汽速度过高,可能会导致非目的性的压裂,从而造成蒸汽窜流,使下一轮次的蒸汽吞吐效果变差。因此,注汽速度不可太低,但也不可过高以免注汽压力超过油层破裂压力。

5)蒸汽干度

蒸汽干度是指 1 kg 蒸汽中干蒸汽占有的相对质量。它是影响蒸汽吞吐注汽效果的另一重要因素。由蒸汽的物性可知,蒸汽具有比较高的汽化潜热和热容,因此,在注汽量相同的情况下,蒸汽干度越高,携带的热量越多,加热油层的体积也就越大,产油时峰值产量就越高,对应的周期产油量也就越高。同时,注入油层的蒸汽态水分子可以进入液态水分子进入不了的微孔隙中,在一定程度上也可提高驱油效率。因此,在蒸汽吞吐过程中,蒸汽干度越高,油藏的开采效果越好。但在实际的生产过程中,蒸汽干度还要受锅炉设备的限制,有时可能达不到较高的干度。

大量的理论研究与现场资料分析可知,在周期注汽量、注汽速度等其他注汽参数一定的情况下,随着注汽干度的增加,对应周期累积产油量增加,在注汽干度由低增高的初期,增油幅度较大,但当蒸汽干度达到一定值时,增油幅度会逐渐减缓,周期累积产油量对注汽干度的敏感性降低。因此,结合实际生产,考虑锅炉设备的限制,需优选一个最优干度以利于生产。

6)焖井时间

焖井是指注汽后关井让蒸汽与油层的热能进行交换的过程。蒸汽吞吐注汽之后,为了使蒸汽与油层的热能进行充分交换,使热量在地层中扩散到更远处,同时也为了使井筒附近的温度降低,将蒸汽凝结为热水,关井焖井是必需的。而焖井时间的长短也就成了影响蒸汽吞吐注汽效果的又一个重要因素。

若焖井时间过长,油层顶、底层的热损失将增加,井底井筒附近的油层温度下降过大,导致井筒附近原油黏度仍然相对较高,流动能力较差,开井产量也会因此下降;若焖井时间过短,注入井底蒸汽的热量没有充分释放出来,油层的加热带面积较小,而且随着开井生产,产出液将会携带出过多的热量,致使热能浪费。因此,只有控制合理的焖井时间,才可保证注入蒸汽的热能在油层中得到充分的利用。

7)注 CO_2 量

在稠油油藏注汽过程中,添加 CO_2 可以辅助蒸汽吞吐来提高注汽效率,改善开发效果,其增产机理主要有:

(1)降低原油黏度。CO_2 溶解于原油后,地下原油黏度会较大程度降低;若原油完全饱和 CO_2,则其黏度几乎能够降低到 $0.01 \sim 0.1$ mPa·s;原始原油黏度越高,溶解 CO_2 后的原油黏度就下降越多。原油黏度的降低对开发效果的影响是相当明显的,原油黏度越低,其流动性就越高,储层原油就越容易开采。

(2)使原油体积膨胀。原油中溶解 CO_2 后,其体积会发生膨胀,若充分溶解 CO_2,原油体积几乎可膨胀 $10\% \sim 40\%$,其对开发效果的影响主要体现在三个方面:① 原油体积膨胀,体积增大,有利于原油在孔隙介质中的流动;② 油层中残留的剩余油因溶解 CO_2 而膨胀,并从孔道中被挤出,残余油饱和度减小;③ 溶解 CO_2 的原油体积膨胀,将水从孔隙空间挤出,水湿系统由吸水过程转换为排水过程,相渗透率发生转换,更有利于原油流动。

(3)气驱作用。辅助蒸汽吞吐注入油层的 CO_2 一部分溶解于原油,剩余部分以气体形态存在,在较高的压力下气态的 CO_2 被压缩,开井回采时,由于压力降低,气态的 CO_2 体积膨胀,可加快原油的排液速度。

(4)溶解气驱作用。在油井开井回采时,压力降低,溶解于原油中的 CO_2 将从原油中解析出来并且膨胀,加速原油回采。油层压力降低幅度越大,从原油中解析出来的 CO_2 就越多,驱入井筒的原油就越多。

(5)萃取作用。由于 CO_2 注入地层时,对应井底温度和压力较高,CO_2 能大量地将原油中的轻质成分萃取、气化出来,有利于地层部分残余油摆脱地层水的束缚;残余油中的轻质成分萃取或气化出来后可与 CO_2 发生相间传质,形成 CO_2 富气相,增加单井产量。

(6)解堵作用。在 CO_2 注入油层的过程中,携带作用可将有机垢带入地层深处,由 CO_2 溶于水生成碳酸的酸化作用可溶解岩石中的无机垢,而且 CO_2 还可以抑制黏土的膨胀,通过这些作用可以改善地层渗透率,提高原油的流动性。

(7)扩大蒸汽波及面积。CO_2 在地层中以气体的形态存在,黏度相对蒸汽较小,蒸汽转换为热水以后,与水相比,气态 CO_2 的黏度相对更小,因而以气态形式存在的 CO_2 有利于蒸汽侵入更深、更远的油层,从而扩大蒸汽加热油层的半径及面积,形成较大的泄油半径,提高稠油热采效果。

注入 CO_2 的多少将影响 CO_2 能否在油层中发挥出期望中的作用,会在很大程度上影响生产的效果。由于 CO_2 在稠油中的溶解能力一定,过多的 CO_2 由于不能充分地扩散至油层中而导致浪费,且过多的 CO_2 还会在一定程度上降低蒸汽的温度,因此 CO_2 的注入量不是越多越好。

将以上 7 个因素按照现场实际各取 3 个不同水平的数据,取值情况见表 5-2-2。正交设计后得出 18 种方案组合,组合方案见表 5-2-3。应用 CMG 软件对 18 个方案进行 4 个周期的模拟,其中第 1 周期由于历史拟合的原因,仅产液速度和转周时最低日产油量 2 个因素按照各方案变化,其余因素按照实际注汽情况不变。各周期产油量及累积产油量见表 5-2-3,各方案模拟的生产情况如图 5-2-15～图 5-2-32 所示。

表 5-2-2   各因素取值水平表

序　号	因　素	水　平
1	产液速度/(t·d^{-1})	15,20,25
2	转周时最低日产油量/(t·d^{-1})	0.7,1.0,1.5
3	周期注汽量/t	1 200,1 500,2 000
4	注汽速度/(t·h^{-1})	8,9,10
5	注汽干度/%	73,75,77
6	焖井时间/d	3,4,5
7	注 CO_2 量/t	0,50,100

表 5-2-3   正交设计方案表

方案号	产液速度/(t·d^{-1})	转周时最低日产油量/(t·d^{-1})	周期注汽量/t	注汽速度/(t·h^{-1})	注汽干度/%	焖井时间/d	注 CO_2 量/t
方案 01	15	0.7	1 200	8	73	3	0
方案 02	15	1.0	1 500	9	75	4	50
方案 03	15	1.5	2 000	10	77	5	100
方案 04	20	0.7	1 200	9	75	5	100
方案 05	20	1.0	1 500	10	77	3	0
方案 06	20	1.5	2 000	8	73	4	50
方案 07	25	0.7	1 500	8	77	4	100

方案号	产液速度 /(t·d⁻¹)	转周时最低日产油量/(t·d⁻¹)	周期注汽量/t	注汽速度/(t·h⁻¹)	注汽干度/%	焖井时间/d	注 CO_2 量/t
方案 08	25	1.0	2 000	9	73	5	0
方案 09	25	1.5	1 200	10	75	3	50
方案 10	15	0.7	2 000	10	75	4	0
方案 11	15	1.0	1 200	8	77	5	50
方案 12	15	1.5	1 500	9	73	3	100
方案 13	20	0.7	1 500	10	73	5	50
方案 14	20	1.0	2 000	8	75	3	100
方案 15	20	1.5	1 200	9	77	4	0
方案 16	25	0.7	2 000	9	77	3	50
方案 17	25	1.0	1 200	10	73	4	100
方案 18	25	1.5	1 500	8	75	5	0

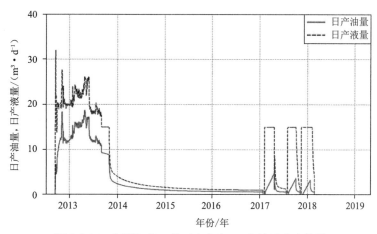

图 5-2-15　DXY13P17 井正交方案 01 条件下生产情况

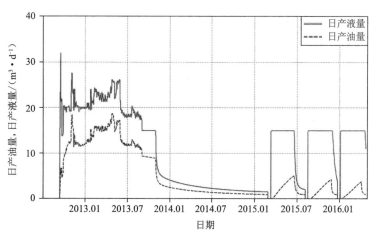

图 5-2-16　DXY13P17 井正交方案 02 条件下生产情况

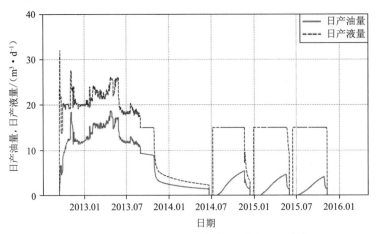

图 5-2-17　DXY13P17 井正交方案 03 条件下生产情况

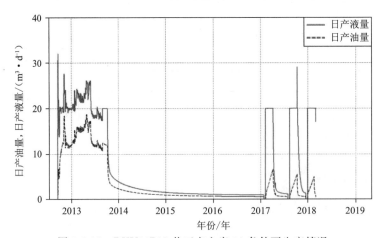

图 5-2-18　DXY13P17 井正交方案 04 条件下生产情况

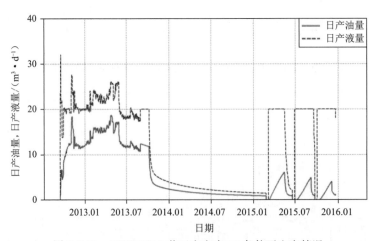

图 5-2-19　DXY13P17 井正交方案 05 条件下生产情况

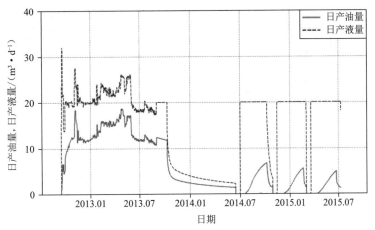

图 5-2-20 DXY13P17 井正交方案 06 条件下生产情况

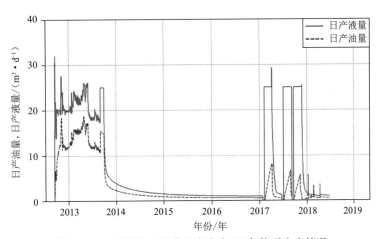

图 5-2-21 DXY13P17 井正交方案 07 条件下生产情况

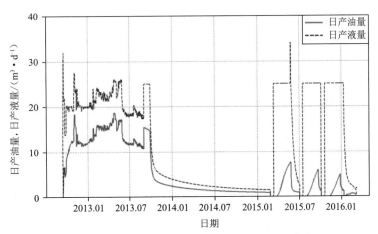

图 5-2-22 DXY13P17 井正交方案 08 条件下生产情况

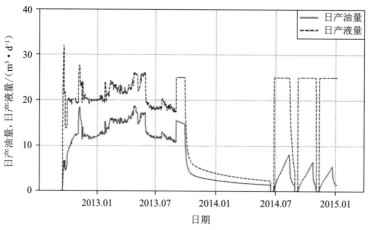

图 5-2-23 DXY13P17 井正交方案 09 条件下生产情况

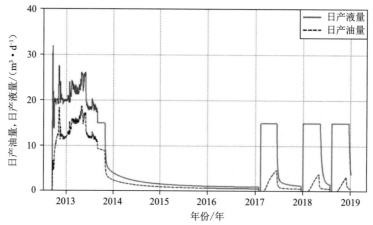

图 5-2-24 DXY13P17 井正交方案 10 条件下生产情况

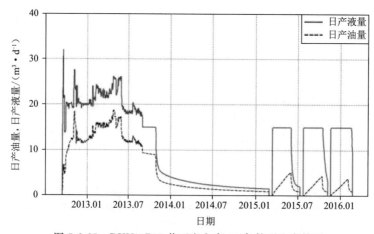

图 5-2-25 DXY13P17 井正交方案 11 条件下生产情况

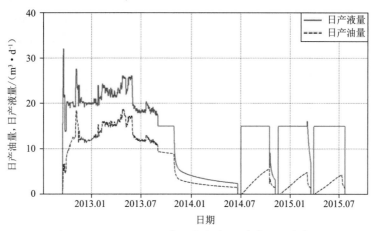

图 5-2-26　DXY13P17 井正交方案 12 条件下生产情况

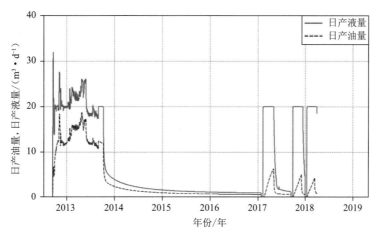

图 5-2-27　DXY13P17 井正交方案 13 条件下生产情况

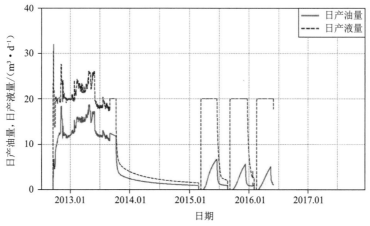

图 5-2-28　DXY13P17 井正交方案 14 条件下生产情况

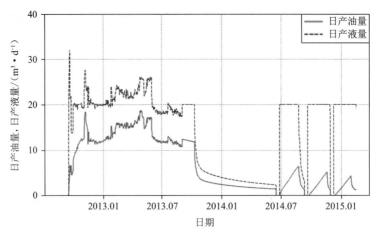

图 5-2-29　DXY13P17 井正交方案 15 条件下生产情况

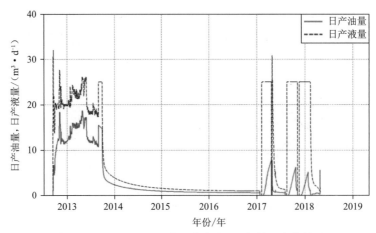

图 5-2-30　DXY13P17 井正交方案 16 条件下生产情况

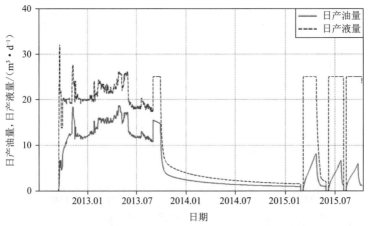

图 5-2-31　DXY13P17 井正交方案 17 条件下生产情况

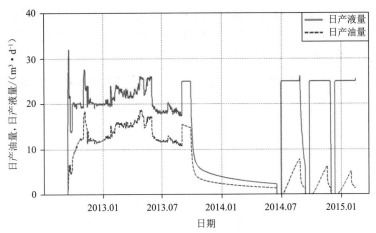

图 5-2-32　DXY13P17 井正交方案 18 条件下生产情况

可以看出,最优方案为 07 号方案,4 个周期累积产油 7 438.22 t;最差方案为 15 号方案,4 个周期累积产油 6 263.95 t。

2. 井筒参数变化模拟

在 STARS 模块中,应用灵活井(FlexWells)的功能,设置井筒参数(图 5-2-33),可以模

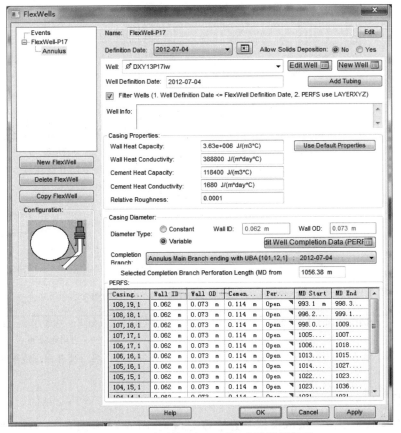

图 5-2-33　灵活井(FlexWells)参数设置界面

拟得到蒸汽干度、温度、压力、热熔等随井筒深度的变化情况,营 13 平 17 井的灵活井模拟计算结果如图 5-2-34 所示。由于软件版本的原因,无法由 CMG 软件直接出图,可以应用 EX-CEL 处理数据后做图,如图 5-2-35～图 5-2-38 所示。

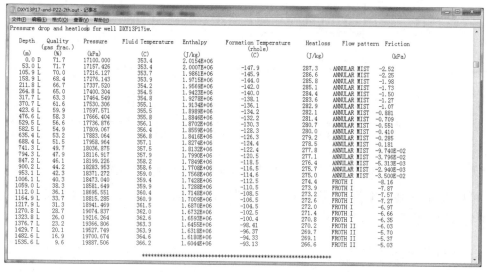

图 5-2-34　灵活井(FlexWells)模拟计算结果

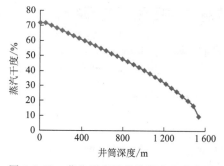

图 5-2-35　蒸汽干度随井筒深度变化曲线

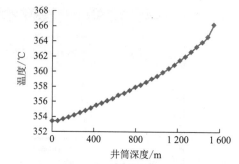

图 5-2-36　温度随井筒深度变化曲线

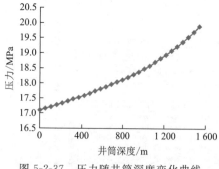

图 5-2-37　压力随井筒深度变化曲线

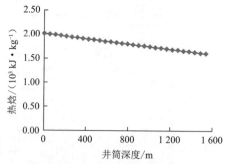

图 5-2-38　热熔随井筒深度变化曲线

3. 堵水模拟

STARS 模块可以进行堵水模拟。建立概念模型(图 5-2-39、图 5-2-40),其底部渗透率(10 000 μm^2)远远高于上部渗透率(100 μm^2)。生产一段时间后,注入水沿着高渗透带突破生产井,此时模型含水饱和度分布情况如图 5-2-41 所示。注入堵剂后,上部油层开始动用,如图 5-2-42 所示。堵水前后生产曲线如图 5-2-43 所示。

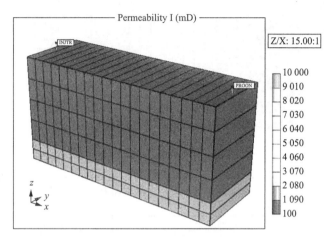

图 5-2-39　堵水模拟概念模型(渗透率分布)

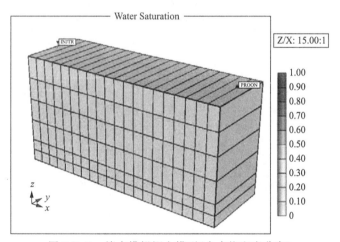

图 5-2-40　堵水模拟概念模型(含水饱和度分布)

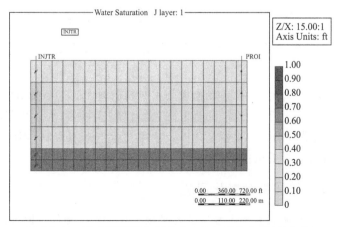

图 5-2-41　堵水模拟概念模型含水饱和度分布图(堵水前)

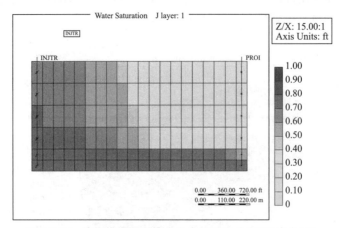

图 5-2-42　堵水模拟概念模型含水饱和度分布图（堵水后）

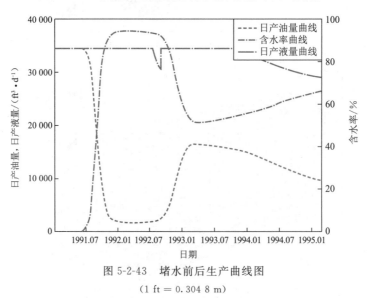

图 5-2-43　堵水前后生产曲线图

（1 ft = 0.304 8 m）

第三节　营 13 东二段油藏热采水平井含水上升规律及找水技术

稠油油藏热采水平井蒸汽吞吐开发已成为东辛增储上产的重要措施之一。随着开发时间的延长，水平井含水率上升，导致产油量下降，大大降低了热采水平井蒸汽吞吐的开发效果。通过分析研究热采后储层的物性变化以及水平井生产动态资料，判断影响生产的主要因素，进而为改善开发效果提供依据。

一、热采开发后储层物性变化研究

在注汽开采过程中，稠油油藏中发生的各种物理化学反应降低了原油的黏度，但也带来了负面作用。蒸汽吞吐后，稠油油藏出现了产油量下降、油汽比低和综合含水率高等问题，开发效果不断变差。

这是由于稠油油藏具有胶结疏松的特点,在蒸汽吞吐过程中,在岩石溶解、黏土矿物膨胀等因素的影响下,储层的渗透率和孔隙度降低,严重影响了储层的有效开发。储层损害主要表现在4个方面:① 储层岩石发生溶解作用,破坏了孔隙结构;② 黏土矿物发生水热反应,堵塞了孔喉;③ 胶质、沥青质易发生沉积,堵塞孔喉或改变岩石润湿性;④ 蒸汽吞吐后期会发生水锁反应。

1. 岩石骨架的溶解

稠油储层的岩石主要由石英、长石、黏土矿物、岩屑及碳酸盐胶结物构成。由实验可知,在注汽条件下,石英、长石、黏土矿物等组分都会发生溶解,矿物溶解是导致储层变化的根本原因。

1) 石英溶解

石英的溶解性很强,温度和pH越高,石英的溶解量越大,因此在pH和温度都很高的井筒附近,地层损害最严重,容易导致地层坍塌。随着pH和温度的降低,含有SiO_2的溶液会产生SiO_2沉淀,堵塞地层。另外,钠离子浓度、压力、电解质溶液等因素对石英溶解都有影响,其中钠离子浓度影响最大。

2) 长石溶解

通过实验可知,当温度小于150 ℃或pH小于11时,长石的溶解量很小且增加缓慢。所以,长石溶解需要较高的pH或温度,温度和pH越高,长石的溶解量越大,溶解产物以SiO_2为主。由此可知,由于岩石骨架发生溶解,使得骨架颗粒变小甚至产生破碎,进而发生化学反应,生成新矿物和沉淀。所以,由于热采储层中矿物溶解,破坏了岩石骨架,长期生产后会发生储层汽窜、油井出砂等现象。

2. 黏土矿物的溶解与膨胀

黏土矿物由于具有层状结构,可以含有大量吸附水和层间水,其活泼的化学性质导致的物理化学变化是改变储层性质最积极的因素。

1) 蒙脱石增生充填孔隙

国外研究了注汽现场蒙脱石的物理化学反应,发现岩石颗粒发生溶蚀现象,之后证明是由于蒙脱石发生增生,增加了孔隙中矿物的比表面积,从而降低了有效孔隙度。

2) 高岭石迁移堵塞孔隙

通过实验可知,在注汽条件下,温度和pH越高,高岭石含量越少。高岭石迁移容易造成"扫状淤积",导致有效孔隙度降低。

3) 伊利石产生危害

研究发现,伊利石产生的危害主要表现在:① 伊利石呈丝状或层片状,被蒸汽冲碎后堵塞了孔隙;② 部分在孔隙或颗粒表面的伊利石降低了流体渗流的能力。

由此可知,在注汽条件下,黏土矿物对地层的损害有两个方面:一是膨胀危害占多数。随着注入蒸汽凝聚成热水,加剧了钠基蒙脱石的水敏性,产生膨胀危害。二是产生新生矿物而堵塞地层。黏土矿物在高pH和高温条件下会转化为方沸石,方沸石堵塞孔喉,可降低储层渗透率。

3. 水化学变化的影响

在注汽开采过程中,虽然锅炉给水呈弱碱性(pH 为 8),但锅炉出口蒸汽凝析液已达强碱性(pH 为 11)。地层注入蒸汽后,会发生剧烈的水岩反应,被剥离的颗粒发生移动并堵塞孔隙,使得地层注汽变得十分困难,最终导致地层坍塌。蒸汽凝析液对地层的损害体现在:

1)使蒙脱石的膨胀性能增加

在碱性环境下,蒙脱石与 Na^+ 发生置换生成钠基蒙脱石,使其膨胀性能加剧。部分蒙脱石也会生成沸石,进一步堵塞地层。

2)导致阳离子交换

强碱性蒸汽与地层矿物发生反应,除了交换阳离子外,还会生成新矿物而堵塞地层。尤其高岭石最活跃,它可直接生成沸石。沸石类矿物能够呈现多种形状,无论是球粒状、纤维状还是丝棒状,都能堵塞孔喉或使其变小。

3)导致结垢

由于碱性流体可破坏地层的离子平衡,导致结垢且堵塞孔喉,从而降低地层的孔隙度。

4)加剧微粒迁移

由于强碱性流体能增大矿物表面的电子力,与岩石胶结不好的微粒将随之运移。而且,强碱性流体可使岩石润湿性更加亲水,加剧剥离颗粒表面微粒并随流体运移,在孔喉处形成"桥堵"而降低地层渗透率。

4. 沥青质损害

由于稠油含有较多的沥青质,在热采过程中,沥青质容易发生沉积而堵塞孔隙或改变岩石润湿性,导致地层渗透率变差。关于沥青质对地层的影响,国外开展了大量研究,这些研究多侧重于沥青质的堵塞机理,而对地层的损害程度没有定量说明。国内学者张人雄通过室内模拟实验,研究分析了沥青质对储层的堵塞和损害。沥青质沉积会随着压力下降或温度上升而加剧,所以堵塞最易发生在井筒附近。在沥青质和微粒的共同堵塞作用影响下,导致孔喉变窄、毛细管力上升和地层渗透率大幅下降。

二、营 13 油藏热采水平井含水上升规律

东辛热采水平井开发自 2011 年开始,先后对营 13 断块东二段的 22 口水平井进行稠油热采开发,截至 2013 年 12 月开井 19 口,日产液 578.7 t/d,日产油 89.3 t/d,平均含水率 82.9%(图 5-3-1)。营 13 平 15、营 13 平 20 等 3 口井因高含水而停产。

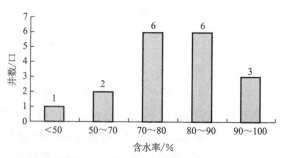

图 5-3-1 营 13 热采水平井含水率统计(2013.09)

1. 油井开井时间

营 13 东二段共有 22 口热采水平井,开井时间最长的是营 13 平 12 井(热采后正常生产已达 758 d)。随着开发时间的延长,热采水平井普遍出现含水上升的趋势。

统计发现,正常开发的热采水平井开井初期油井含水率变化较大,开井生产约 20~30 d 后,含水率降至最低,随后含水率呈上升趋势;约 180 d 后,油井含水率上升趋势趋缓,油井含水率基本保持稳定,大多数井含水率稳定在 70% 左右。

2. 回采水率

统计表明,油井日产液量(图 5-3-2)、含水率(图 5-3-3)与回采水率没有明显的关系。

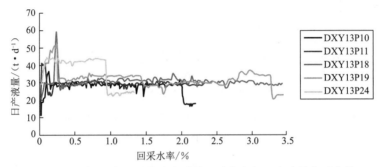

图 5-3-2　营 13 东二段热采水平井回采水率与日产液量关系曲线

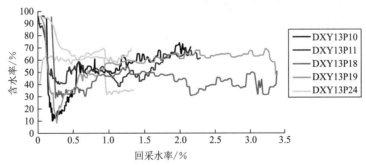

图 5-3-3　营 13 东二段热采水平井回采水率与含水率关系曲线

3. 采液强度

为提高热采开发效果,2012 年 9 月在营 13 平 10 井通过调低冲次来降低采液强度,控制热采水平井含水上升速度,现场应用取得一定成功,但随着生产时间的延长,水平井含水仍呈上升趋势(图 5-3-4)。

营 13 平 10 井于 2012 年 9 月 15 日将冲次从 1.9 min^{-1} 降至 1.2 min^{-1},日产液从 28 m^3/d 降至 18 m^3/d,调参后,含水趋于稳定且出现小幅下降,至 2013 年年初,该井含水重新呈上升趋势(5-3-4)。

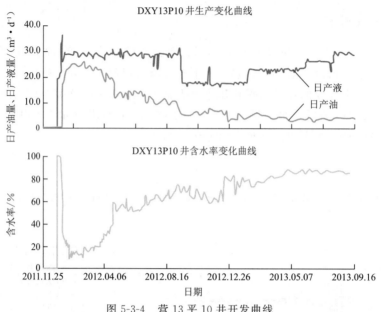

图 5-3-4　营 13 平 10 井开发曲线

营 13 平 24 井于 2012 年 9 月 12 日将冲次从 2.8 min⁻¹ 降至 1.5 min⁻¹,日产液从 43 m³/d 降至 27 m³/d,调参后,含水率下降明显(图 5-3-5)。

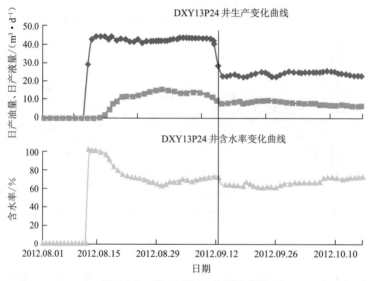

图 5-3-5　营 13 平 24 井开发曲线

三、热采水平井找水技术

如何准确找到出水位置是解决部分热采水平井高含水问题的先决条件,水平井测试找水技术也是目前的一个难题,特别是东辛热采水平井目前普遍采用筛管方式完井(营 13 东二段 22 口热采水平井只有 2 口井采用射孔方式完井,其余均采用筛管方式完井)。

1. 水平井出水特点

水平井出水有以下几个特点：

（1）水平井含水上升较快，容易造成油层过早水淹。

由于水平井井身与油层保持水平，因此，水平井很容易大量产水，且含水上升较快，甚至导致油井过早被水淹掉。

（2）水平井容易发生底水锥进，诱发水锥出现。

热采水平井开发的是稠油油藏，水油流度比高，某些泄油通道的含水饱和度略有上升即会诱发含水率大幅度升高，水一旦突破，原油产出率便急剧降低。在稠油热采水平井中，产生水锥的临界速率很低，如果有底水存在，当水平井以较高速率生产时，更容易诱发水锥出现。因此对于这样的热采水平井，必须对其生产参数进行相关的优化，提高热采开发效果。

（3）东辛热采水平井目前普遍采用筛管方式完井，通过测井技术找水较困难。

在水平井中，流体的流动速率低并呈水平状态，常规的测井方法无效，而且稠油油层的含水饱和度变化响应值太低，无法精确测定，描述饱和度变化的 TDT 或 GST 测井工具大都不适用，找水困难。

2. 水平井找水方法

水平井找水方法主要是根据油和水在物理和化学性质上的差异而发展起来的，主要有温度测井、流体密度及持水率测井、氧活化测井和储层饱和度测井 4 种测井方法。

1）温度测井

温度测井是通过测量和分析温度的异常来寻找水平井井段的出水部位。常用的温度仪主要有两种：电阻传感器和热电耦式温度仪。

电阻传感器主要用于中低温测量，热采井和高温井主要用热电耦式温度仪。

2）流体密度及持水率测井

流体密度及持水率测井主要通过确定多相流中油、气、水的含量及沿井筒的分布规律来确定出水部位。主要仪器有压差密度计、低能量持水率计和持水率流动式成像仪（斯伦贝谢公司）。

压差密度计是通过测量井筒内 0.6 m 距离的压差来确定流体的平均密度的。

低能量持水率计是利用低能光子穿过油、气、水混合物时油、水的质量吸收系数不同而进行持水率测量的。

3）氧活化测井

氧活化测井是利用能量大于 10 MeV 的快中子照射流体，流体中的活化氧产生氧的放射性同位素进行测量的。由于水中氧原子核活化后放射出的伽马射线能量较高，故可以探测出水平井的出水部位。

4）储层饱和度测井

储层饱和度测井是在碳氧比能谱测井的基础上发展起来的，探测仪采用双伽马射线探测器和高密度过氧硅酸钆探测器。发射期可探测碳和氧的概率，从而推导出油和水的含量，进而确定出水部位。

水平井出水部位的确定不是一种方法或仪器就能解决的，需要采用多种方法和仪器综合测量判断。

热采水平井含水上升原因复杂,可以油藏数值模拟技术为基础,根据热采水平井井身轨迹和油藏资料,进行热采水平井含水上升规律研究,分析稠油热采水平井含水上升原因和规律,结合生产动态监测资料、地球物理测井技术和密闭取心等多种方法进行验证。

四、营 13 平 13 井高含水原因

该井于 2011 年 10 月 11 日热采注汽投产,第一周期共注入蒸汽 1 200 t。随着开发时间的延长,该井含水率迅速上升,动液面一直在井口。转周堵水前该井日产液 21.6 m³/d,日产油 0.6 m³/d,含水率 97.2%(图 5-3-6)。

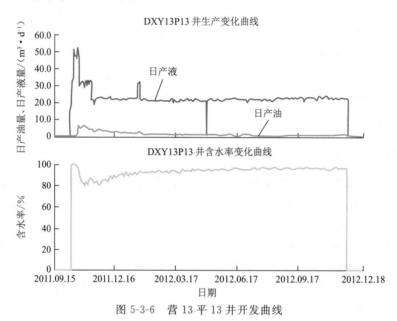

图 5-3-6 营 13 平 13 井开发曲线

1. 井身轨迹分析

通过营 13 平 13 井井身轨迹分析,该井可能钻穿下面的油层。分析轨迹最低点有两种可能性:① 蹭到目的层东二 2³⁻¹ 的底部,打到夹层,水为次生底水;② 蹭到下一层东二 2³⁻² 的顶部,该层在该区为油水过渡带(图 5-3-7)。

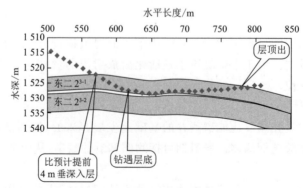

图 5-3-7 营 13 平 13 井井身轨迹示意图

2. 油层物性分析

营 13 平 13 井轨迹最低点处已经进入渗透率较好井段,这使得底水易于由该段进入井筒(图 5-3-8)。

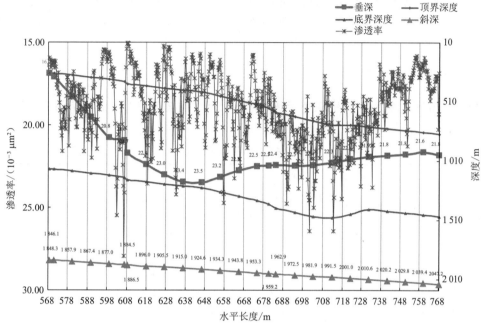

图 5-3-8　营 13 平 13 井井身轨迹与油层物性

3. 邻井分析

营 13-19 井位于营 13 平 13 井北面约 50 m,由图 5-3-9 可以看出,东二 2^{3-2} 下面的 2^4 小层为一个厚水层。

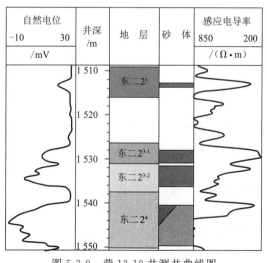

图 5-3-9　营 13-19 井测井曲线图

第四节　营 13 东二段油藏热采水平井防窜控水技术优化

热采水平井防窜控水技术遇到的问题比普通油井要复杂得多,因此对堵剂的性能要求也更为苛刻。目前主要采用化学方法来调整吸汽剖面以控制出水,如泡沫调剖、聚合物调剖、固体颗粒调剖、复合调剖等,各种技术各见其长。

一、热采水平井控水堵剂机理

根据作用机理及特点,目前应用于热采水平井堵水的堵剂主要有泡沫调剖剂、聚合物调剖剂和固体颗粒调剖剂,见表 5-4-1。

表 5-4-1　调剖剂对比表

调剖剂	封堵机理	优 点	缺 点	适用油井
泡沫调剖剂	利用泡沫对地层孔喉的封堵作用迫使蒸汽转向	对地层伤害较小,经过半衰期后,其泡沫缓慢、自然解堵;施工简单、方便	封堵压力较低,对水窜没有控制能力;泡沫稳定性受各种因素影响较大	含水率较低、各小层含油饱和度均较高的油井
聚合物调剖剂	在地层条件下,单体在引发剂、交联剂的作用下交联聚合形成具有高弹性、高强度的聚合物凝胶,堵塞地层大孔道,封堵高渗透水层	技术成熟、封堵强度高,封堵时间、强度可依现场要求调节	无选择性;施工时对机械设备的要求较高,易发生事故;药剂本身具有一定的毒性和吸水膨胀性,会对环境造成污染	水窜、汽窜严重的油井
固体颗粒调剖剂	颗粒在地层中形成弱交联,防止颗粒运移,并通过对地层孔喉的封堵作用迫使蒸汽转向	对底水及窜槽水封堵效果较好;对高出水层的封堵强度高,有效期长,有效率高;对含水率大于 80% 的油井也有较好的封堵效果,尤其对于处于吞吐中后期的油井形成的高渗透带、大孔道,更加具有较好的堵水封窜能力	需自然选择;对出水原因较复杂的油井封堵有效率较低;选择最佳挤注压力,以免对出油层位的渗透率造成影响	含水率较高,特别是水窜、汽窜明显的油井

1. 泡沫调剖剂

泡沫调剖就是利用泡沫对地层孔喉的封堵作用迫使蒸汽转向,从而提高采收率的一种方法。泡沫是气体在液体中的粗分散体系,构成蒸汽泡沫的主要成分是表面活性剂。与普通泡沫不同的是,用于稠油吞吐井中所产生的泡沫必须耐高温,表面活性剂在注蒸汽的地层条件下能产生泡沫并能稳定一定的时间。泡沫调剖依赖其在注汽过程中产生的大量泡沫封堵高渗透地层的咽喉地带,注入蒸汽由于压力增高而转向其他孔隙,横向上提高蒸汽的波及面积,纵向上增加低渗透层的吸汽量,从而提高注汽效率。

其优点在于对地层伤害较小,经过半衰期后,其泡沫缓慢、自然解堵;施工简单、方便。其缺点在于封堵压力较低,有时达不到要求的理想压力,对水窜没有控制能力;泡沫稳定性受稠油特性、储层黏土含量、水质影响很大,使其应用受到较大限制。要获得较理想的封堵效果,需要持续不断地挤入药剂,以维持泡沫的稳定和处理周期,这导致成本过高。另外,目前国内可供选择的起泡剂较少,进口起泡剂成本较高,使现场应用受到很大程度的限制。

2. 聚合物调剖剂

聚合物调剖剂一般由聚丙烯酰胺单体等高分子或聚合物单体、引发剂、交联剂等组成,它是由水井调剖剂转变而来的。在地层条件下,单体在引发剂、交联剂的作用下交联聚合形成具有高弹性、高强度的聚合物凝胶,堵塞地层大孔道,封堵高渗透水层,起到调整吸汽剖面的作用。其特点是具有吸水膨胀性,增加封堵效果。其封堵性能与已成熟应用的水井调剖剂类似,不同点在于选择不同的交联剂,使已形成的冻胶在高温蒸汽的作用下能维持凝胶状态,稳定一定的时间,从而起到促使蒸汽进入低渗透层的目的。

该技术的困难之处在于选择交联剂。其优点在于技术成熟、封堵强度高,封堵时间、强度可依现场要求调节。其缺点在于无选择性,封堵高渗透层的同时也会封堵低渗透层;施工时对机械设备的要求较高,易发生事故,如堵死管柱、挤漏管线等;药剂本身具有一定的毒性和吸水膨胀性,会对环境造成污染,也可能对周围的牲畜造成伤害。

木质素、栲胶类堵水调剖剂利用栲胶、改性栲胶、单宁或提取的木质素与甲醛等配制成堵剂,根据注汽温度及胶凝时间的要求配制成不同浓度。其机理与聚合物调剖剂类似,不同之处在于生成的堵剂液与原油有一定的相溶性,从而具有一定的封堵选择性。

3. 固体颗粒调剖剂

固体颗粒调剖剂侧重于堵水,它由固体颗粒、交联剂、表面活性剂等按比例复合而成。固体颗粒有生物钙粉、矿物粉、粉煤灰、钠基膨润土等;交联剂具有固化作用,为弱交联,可胶结无机颗粒及地层岩石,防止颗粒在流体冲刷下运移,在胶结中以固体颗粒作为骨架材料;表面活性剂可使岩石表面润湿反转,通过交联剂把固体颗粒和岩石松散胶结,提高高渗透层的吸汽阻力,还可通过颗粒封堵高渗透层和高出水层,从而大幅度降低油井含水。

其优点在于对底水及窜槽水封堵效果较好;对高出水层的封堵强度高,有效期长,有效率高;对含水率大于80%的油井也有较好的封堵效果,尤其对于目前处于吞吐中后期的油井形成的高渗透带、大孔道,更加具有较好的堵水封窜能力,也使部分高含水井重新正常生产。其缺点在于药剂无明显的选择性,只能依靠地层的选择性,即由于稠油井的油水黏度差异大,所以,低黏度的堵剂溶液进入水层的阻力比进入油层的阻力小,堵剂优先进入出水层;对出水原因较复杂的油井的封堵有效率较低。另外,施工中应注意对最终挤注压力的选择,要根据地层的渗透率、含水饱和度等选择不同的最终挤注压力,以免对出油层位的渗透率造成影响。

4. 复合调剖剂

复合调剖剂种类较多,它主要是针对单一调剖剂的缺点而设计的。单一的调剖剂有各种各样的制约,影响其施工效果和广泛应用,因此在不同的调剖剂中选择加入其他药剂,弥补单一调剖剂的不足,发挥各种药剂的协同作用,可使堵水调剖工作迈上一个新台阶。

例如,在木质素类调剖剂中加入表面活性剂或固体颗粒,在固体颗粒类调剖剂中加入保护剂,在凝胶类调剖剂中加入固体颗粒,在聚合物类调剖剂中加入膨润土等,都是针对各种调剖剂的缺点而研究设计的,因此其封堵效果和强度等各方面可能会超过单一的调剖剂。这种复合调剖剂已成为以后堵水调剖剂发展的方向。

二、热采水平井控水堵剂室内实验

目前部分热采水平井含水率较高,已经影响到东辛采油厂的热采开发效果。为有效防窜控水,提高油层动用程度,改善油井吸汽剖面以提高蒸汽吞吐开发效果,针对东辛稠油油藏特点,对各种调剖剂进行了更深一步的探索和研究。

1. 复合泡沫驱油体系

国内外研究表明,改善热采开发效果的关键是提高蒸汽的波及系数。伴随蒸汽注入氮气和泡沫剂可以提高蒸汽的驱替效率和波及系数,进而改善热采的开发效果。

目前常规的泡沫剂不但成本高,而且存在高温泡沫稳定性、抗盐性和水溶性差的缺点,这影响了泡沫剂的推广使用。在注入泡沫剂热采时,泡沫稳定性对其在地层中的调剖作用具有决定性影响,因此需选用在较大温度范围内具有良好稳定性、优异发泡性和良好性价比的泡沫剂。据此,进行了相关的实验研究。

1) 泡沫驱油实验仪器与试剂

(1) 实验仪器。

常温常压发泡装置(室温～80 ℃,大气压)见图 5-4-1,a 为手动鼓气泵,b 为带恒温夹套的玻璃容器,c 为活塞,d 为 2# 陶瓷砂芯,e 为恒温缓冲器。高温高压发泡装置(80～250 ℃,3 MPa)由电热自动恒温箱(有可视玻璃观察窗)、高压不锈钢容器(5 cm × 5 cm × 60 cm,有可视玻璃观察窗)、注入系统和控制系统组成。

(2) 药品与试剂。

药品与试剂有:磺酸盐型阴离子表面活性剂(TA)、脂肪酸甲酯磺酸钠(MES)、α-烯基磺酸盐 AOS1618(简称 AOS)、天然羧酸盐(SDC)、对全氟壬烯氧基苯磺酸钠(OBS)、天然羧酸盐(SDV)、烷基聚氧乙烯醇醚硫酸盐(AES)、石油磺酸盐(ABS)等。

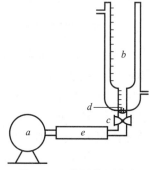

图 5-4-1　常温常压发泡装置示意图

2) 实验方法

(1) 耐温性实验。

将样品溶液(质量分数 0.5%)放入不锈钢容器,在烘箱(250 ℃)中放置 10 d 后,检测耐温前后气味、颜色、固含量及表面张力的变化。

(2) 抗盐性实验。

按照营 13 东二段地层水的主要离子及其浓度配制模拟地层水。无特别说明,实验中使用的溶液都由该模拟地层水配制。

(3) 发泡性及泡沫稳定性测定。

常温常压下泡沫的稳定性测定(气流法):在发泡装置中装入 15 mL 泡沫剂溶液,鼓入

140 mL 空气,记录泡沫体积随时间的变化,绘制泡沫衰减曲线,计算泡沫半衰期 $t_{1/2}$。

高温高压下泡沫的稳定性测定(气流法):在发泡装置中装入 15 mL 泡沫剂溶液,恒温 60 min 后注入氮气,记录泡沫体积随时间的变化,绘制泡沫衰减曲线,计算泡沫半衰期 $t_{1/2}$。

(4)表面张力测定。

配制同浓度溶液,常温常压下采用吊环法测定表面张力,高温高压下采用悬滴法测定表面张力。

3)高温泡沫剂综合性能测试

(1)耐温性实验。

中国石化胜利油田有限公司采油工艺研究院(以下简称采油院)高温泡沫剂的耐温性良好(表5-4-2)。

表 5-4-2 采油院高温泡沫剂耐温性能评价表

耐温参数	固含量/(g·kg⁻¹)	表面张力(质量分数0.5%)/(mN·m⁻¹)	$t_{1/2}$(20℃,质量分数0.5%)	结 论
耐温前	46.14	34.57	220 min 18 s	耐温性良好
300℃耐温 4 h 后	45.97	32.43	298 min 31 s	

(2)热降解实验。

配置一定质量分数的调剖剂溶液,按一定方法测量出溶液的浓度及半衰期值,将溶液经过不同的高温老化后取出,再测量出老化后溶液的质量分数及半衰期值,计算出溶液质量分数的热降解率(图5-4-2、表5-4-3)。从中可以看出,采油院高温泡沫剂的热降解率较好。

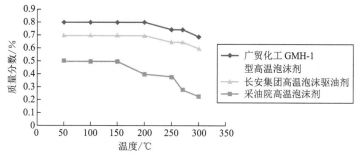

图 5-4-2 不同温度的浓度变化曲线

表 5-4-3 不同温度的热降解率

温度/℃	50	100	150	200	250	270	300
广贸化工 GMH-1 型高温泡沫剂热降解率/%	0	0	0	0	7.1	7.1	14.3
采油院高温泡沫剂热降解率/%	0	0	0	18.8	25	43.7	56.2
长安集团高温泡沫驱油剂热降解率/%	0	0	0	0	7	7.1	14.1

(3)抗盐性实验。

采油院高温泡沫剂溶液在 55℃、质量分数为 30% 时仍然没有沉淀生成。

(4)表面张力测定。

表面张力测定曲线见图5-4-3。在 25℃条件下,采油院高温泡沫剂的平衡表面张力为 38 mN/m。

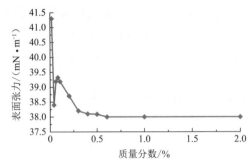

图 5-4-3　采油院高温泡沫剂溶液表面张力随浓度变化曲线($T = 298$ K)

(5) 浊点测定。

实验测定采油院高温泡沫剂的浊点为 35 ℃(表 5-4-4)。从中可以看到,$CaCl_2$ 能够升高采油院高温泡沫剂的浊点,KCl,$MgCl_2$,$PEG600$,$TD100$ 和 6501 能够降低其浊点。

表 5-4-4　不同添加剂(0.1%)对采油院高温泡沫剂(1.0%)浊点的影响

添加剂(0.1%)	—	NaCl	KCl	CaCl$_2$	MgCl$_2$
浊点/℃	35.0	35.0	32.0	55.0	33.5
添加剂(0.1%)	丙三醇	PEG600	TD-100	FAA	6501
浊点/℃	35.0	32.0	32.0	35.0	31.0

(6) 高温阻力因子测定。

在残余油饱和度 25% 的岩心管(渗透率 55 μm^2,250 ℃)中,伴随蒸汽同时注入氮气和采油院高温泡沫剂溶液,岩心管两端压差不断升高,最高达到 700 kPa。由于空白压差为 20 kPa,所以高温阻力因子为 35。空白压差实验的蒸汽排量等于注采油院高温泡沫剂实验的蒸汽与采油院高温泡沫剂排量之和,其他实验条件都相同。

2. 耐高温阳离子凝胶

耐高温阳离子凝胶主要由阳离子、单体交联剂、促进剂、热稳定剂等在一定条件下通过反相乳液聚合而成的,具有一定圆度和粒径的凝胶颗粒乳液。其颗粒的三维立体网络结构含有大量亲水基团,具有极好的吸水膨胀且不溶解性,同时具有耐高温、耐盐(矿化度 150 000 mg/L)、抗氧化降解、强度大、吸附能力强、成胶时间可控等优点。

1) 基本参数

耐高温阳离子凝胶基本参数见表 5-4-5。

表 5-4-5　基本参数表

项　目	指　标
外　观	白色或无色悬浮颗粒胶体
pH	6.0～8.0
相对密度(25 ℃)	0.90～1.20

2) 耐温实验

通过热失重实验可以看出(图 5-4-4),该聚合物在 260 ℃ 以内是稳定的,在 260 ℃ 以上逐渐分解，在 350 ℃时，凝胶质量还保持在 80％左右，到 480 ℃完全分解。

3）吸水膨胀实验

实验测试发现，该凝胶在地层水中具有较强的吸水膨胀性，膨胀度可达 40 倍左右（图 5-4-5）。在 24 h 内吸水能力较强，膨胀度可达 26 倍，随着时间的延长，吸水能力变缓，在 144 h 后吸水膨胀趋于稳定，膨胀度达到 40 倍左右。

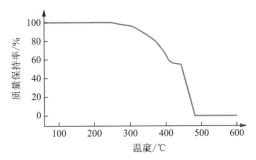

图 5-4-4　耐高温阳离子凝胶热失重曲线

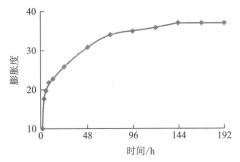

图 5-4-5　耐高温阳离子凝胶膨胀度测试

在扫描电镜下观察（图 5-4-6），吸水后凝胶的分子链束互相缠绕，形成较强的网状结构，水相进入这些网状空隙中，在分子力的作用下被束缚，因而造成凝胶在水中的吸水膨胀。

4）膨胀后遇油脱水收缩测试

将完全吸水后的凝胶放入原油中，发现凝胶失水，体积逐渐减小。由图 5-4-7 可知，凝胶在原油中 24 h 内脱水最快，收缩率达到 27％，随后脱水速度逐渐减慢，120 h 后收缩率趋于稳定，收缩率达到 48％。

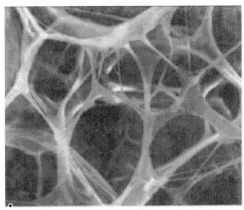

图 5-4-6　耐高温阳离子凝胶膨胀后的微观形态

将吸水之后的凝胶放入原油中脱水收缩后，使用扫描电镜进行观察（图 5-4-8）。由图 5-4-8 可看出，凝胶的分子链束收缩，分子链不再互相缠绕，网状结构遭到破坏，网状结构中的水脱出，凝胶体积减小，而且这些非网状结构对流体的束缚作用大大减弱，为原油的通过提供了条件。

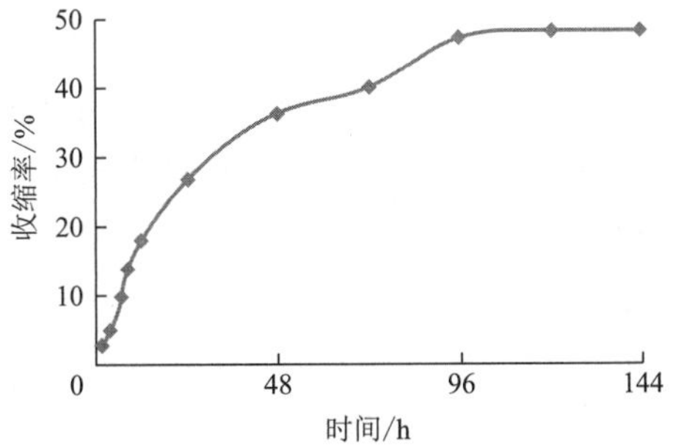

图 5-4-7　耐高温阳离子凝胶在原油中的
脱水收缩测试

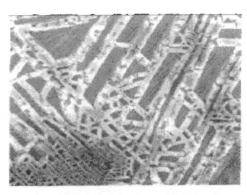

图 5-4-8　耐高温阳离子凝胶在原油中
脱水收缩后的微观形态

5）选择性封堵实验

凝胶的封堵作用具有较强的选择性,堵水率大于堵油率,水相渗透率恢复率(20％以下)远远小于油相渗透率恢复率(85％以上)。

（1）凝胶的突破压力梯度和封堵率。

对于气测渗透率为 $0.9\sim3.5~\mu m^2$ 的岩心,凝胶堵水率达 90％以上,突破压力梯度也高于 35 MPa/m,凝胶能有效封堵油层,降低水相在油层中的渗流能力;而其堵油率低于 45％,可以使油相较好地通过(表 5-4-6)。

表 5-4-6　凝胶封堵率测试表

岩　心	长度/cm	孔隙度/%	气测渗透率 /($10^{-3}~\mu m^2$)	突破压力梯度 /(MPa·m^{-1})	堵水率/%	堵油率/%
1	7.4	25.0	914	40.0	95.4	44.4
2	7.5	24.7	2 208	38.3	93.9	40.2
3	7.6	25.5	3 331	30.2	83.3	32.1

（2）凝胶封堵后油水渗透率恢复。

为了更加清楚地说明凝胶的选择性堵水性能,进行了两组渗透率相近的油水渗透率恢复对比实验(表 5-4-7)。可以看出,凝胶在岩心中的封堵作用具有选择性,它能大幅度降低水相的渗流能力,而对油相的渗流能力影响不大,在 90 ℃条件下恒温 15 d 后,油相渗透率基本能恢复到 85％以上,封堵后油相渗透率恢复率远大于水相渗透率恢复率。

表 5-4-7　封堵后油水渗透率恢复测试

实验组	气相渗透率 /($10^{-3}~\mu m^2$)	油相渗透率/($10^{-3}~\mu m^2$)		油相渗透率 恢复率/%	水相渗透率/($10^{-3}~\mu m^2$)		水相渗透率 恢复率/%
		封堵前	封堵后		封堵前	封堵后	
1	1 540	237	211	89.0	255	43	16.9
2	1 587	245	208	84.9	266	51	19.2

6）膨胀时间测试实验

实验表明,该凝胶的完全膨胀时间最快在 8 h 左右,最慢可达 72 h 以上,具有一定的可控性,可根据施工要求调整凝胶的膨胀速度。

三、热采水平井井底压力与堵剂封堵性能要求

截至目前,东辛已在营 13 块东二段实施热采注汽水平井 22 口。据统计,可利用多相流压降计算法(Beggs-Brill 法)计算注汽时的井底压差、注药剂时的井底压差和热采水平井投产后的井底生产压差,利用最大井底压差对堵剂的封堵性能进行评价。同时,也可根据堵剂的封堵性能,对热采水平井后期的生产参数进行优化,提高封堵有效期。

1. 热采水平井井底压力计算

热采注汽水平井注汽时蒸汽流为汽、液两相流,计算井底压力时需进行压降计算,目前压降计算多采用以实验为基础的经验式或半经验式。国内外有许多相关研究,认为 Beggs-

Brill 法较为精确,这里的计算主要以该方法为基础,即:

$$\frac{\mathrm{d}p}{\mathrm{d}x} = \rho g \sin\theta + f\frac{\rho}{D}\frac{v^2}{2} + \rho v\frac{\mathrm{d}v}{\mathrm{d}z} \tag{5-4-1}$$

式中　　$\rho g \sin\theta$——重力压降梯度,MPa/m;

　　　　$f\dfrac{\rho}{D}\dfrac{v^2}{2}$——摩阻压降梯度,MPa/m;

　　　　$\rho v\dfrac{\mathrm{d}v}{\mathrm{d}z}$——加速度压降梯度,MPa/m;

　　　　ρ——流体密度,kg/m³;

　　　　g——重力加速度,$g = 9.8$ m/s²;

　　　　D——摩阻系数;

　　　　v——流体速度,m/s。

1)重力压降

东辛营 13 块热采水平井油层垂深 1 510～1 560 m,平均 1 540 m,由于油层深度为 1 600～2 000 m,变化较大,导致井底蒸汽干度存在差异,重力压降也不同(表 5-4-8)。

表 5-4-8　重力压降计算表(油层垂深均按 1 540 m 计算)

油层深度/m	井口蒸汽干度/%	井底蒸汽干度/%	平均蒸汽干度/%	蒸汽液柱压力/MPa
1 600	69	37	53	7.24
1 700	69	35	52	7.39
1 800	69	33	51	7.55
1 900	69	31	50	7.70
2 000	69	29	49	7.85

2)摩阻压降

摩阻压降是指热采注汽时井筒内汽、水两相流的摩擦阻力损失。由于热采注汽时汽、水两相状态复杂,计算时需进行一定的简化。此次计算进行了相关的假设:

(1)井口至井底注汽干度不变。

(2)全井筒注汽过程为段塞流,段塞流为充分发展的稳定流动。

(3)流动处于平衡、绝热状态。

(4)大部分液体集中在液相段塞中流动,气泡区的摩阻压降可忽略。

计算公式(Aziz 公式)为:

$$\left(\frac{\mathrm{d}p}{\mathrm{d}l}\right)_{\mathrm{fr}} = \frac{\lambda\rho_1 H_{\mathrm{lsu}} v_{\mathrm{m}}^2}{2D} \tag{5-4-2}$$

式中　　$\left(\dfrac{\mathrm{d}p}{\mathrm{d}l}\right)_{\mathrm{fr}}$——摩阻压降梯度,Pa/m;

　　　　λ——阻力系数,可通过两相雷诺数 Re($Re = Dv_{\mathrm{m}}\rho_1/\mu_1$)由 Moody 图查得;

　　　　ρ_1——液相密度,kg/m³;

　　　　v_{m}——混合物平均速度,m/s;

　　　　μ_1——液相黏度,Pa·s;

D——管道直径，m；

H_{lsu}——段塞单元平均持液率。

根据公式(5-4-2)计算出不同排量情况下不同深度(干度不同)对应的沿程摩阻压降，如图 5-4-9 所示。

计算发现，摩阻压降与注入排量关系密切：排量为 8 t/h 时，摩阻压降为 2.42～2.58 MPa；排量为 9 t/h 时，摩阻压降为 3.06～3.26 MPa；排量为 10 t/h 时，摩阻压降为 3.78～4.03 MPa；排量为 11 t/h 时，摩阻压降为 4.57～4.87 MPa；排量为 12 t/h 时，摩阻压降为 5.44～5.80 MPa。

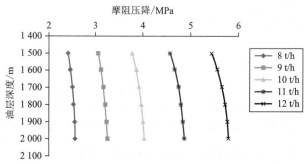

图 5-4-9   不同排量情况下不同深度对应的摩阻压降

2. 提前估算热采注汽压力

热采注汽水平井注汽前通常会注入高温防膨剂等液态流体，在假定注液时的井底压力与注蒸汽时的井底压力大致相同的前提下，可以利用 Beggs-Brill 法，根据注液时的井口压力大致估算注汽时的井口压力。

由于加速压降值较低，可忽略，因此公式(5-4-1)可修正为：

$$p_{注汽}＝p_{注液}＋(液柱重力－蒸汽重力)＋(蒸汽摩阻压降－液体摩阻压降) \quad (5\text{-}4\text{-}3)$$

式中，液体摩阻压降以水为对象进行计算，可采用 Darcy-Weisbach 公式进行计算(表 5-4-8)：

$$\Delta p = \lambda \frac{l}{d} \frac{u^2}{2} \rho \quad (5\text{-}4\text{-}4)$$

式中 λ——沿程阻力系数；

l——流程，m；

d——隔热油管内径，m；

ρ——流体密度，g/cm³；

u——流体流速，m/s。

表 5-4-9   液体(水)摩阻压降计算

油层深度 /m	沿程摩阻压降/MPa				
	排量 8 t/h	排量 9 t/h	排量 10 t/h	排量 11 t/h	排量 12 t/h
1 500	0.177	0.224	0.266	0.322	0.383
1 600	0.189	0.239	0.284	0.344	0.409
1 700	0.201	0.254	0.302	0.365	0.435

油层深度 /m	沿程摩阻压降/MPa				
	排量 8 t/h	排量 9 t/h	排量 10 t/h	排量 11 t/h	排量 12 t/h
1 800	0.212	0.269	0.319	0.387	0.460
1 900	0.224	0.284	0.337	0.408	0.486
2 000	0.236	0.299	0.355	0.430	0.512

根据公式(5-4-3),进行营 13 东二段热采水平井注汽、注液压差计算。计算假定注液时的井底压力与注蒸汽时的井底压力大致相同,油层垂深取 1 540 m(图 5-4-10)。

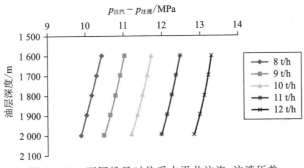

图 5-4-10　不同排量时热采水平井注汽、注液压差

3. 调剖堵剂封堵性能要求计算

可通过计算热采水平井注汽时、注液时和正常生产时的井底压力与油层压力差值,评判调剖堵剂的性能要求。

1)注汽时井底压力与油层压力差——Beggs-Brill 法

以营 13 平 16 井为例计算:

注汽井底压力 = 井口压力 + 蒸汽重力 − 蒸汽摩阻压降 = 17.2 + 15.27 × 0.49 − 3.94
$$= 20.742\ 3\ (MPa)$$

压力差 = 注汽井底压力 − 油层压力 = 20.742 3 − 15.4 = 5.342 3(MPa)

2)注液时井底压力与油层压力差——Beggs-Brill 法

以营 13 平 16 井为例计算:

注液井底压力 = 井口压力 + 液体重力 − 液体摩阻压降 − 修正值 = 8 + 15.27 − 0.31 − 2
$$= 20.96\ (MPa)$$

压力差 = 注液井底压力 − 油层压力 = 20.96 − 15.4 = 5.56(MPa)

3)正常生产时井底压力与油层压力差——动液面测试

营 13 平 16 井动液面测试如图 5-4-11 所示。

该井动液面最深达 200 m,据此进行最大生产压差计算:

压力差 = 油层压力 − 液柱压力 = 15.4 − (15.27 − 2) = 2.13(MPa)

4)调剖堵剂抗压性能要求(营 13 平 16 井)

$$p_{抗压} = MAX(5.342\ 3, 5.56, 2.13) = 5.56\ (MPa)$$

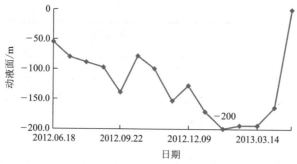

图 5-4-11　营 13 平 16 井动液面测试

5）调剖堵剂抗压性能计算结果应用

通过计算调剖堵剂抗压性能（表 5-4-10），筛选调剖堵剂。

表 5-4-10　不同调剖堵剂抗压性能表

序　号	调剖堵剂	地层温度 /℃	地层水矿化度 /(10^4 mg・L^{-1})	有效封堵强度 /MPa
1	阴离子型-阳离子型聚合物	30～120	0～6	6～18
2	聚丙烯酰胺-柠檬酸铝	30～120	0～6	6～18
3	黑液-阳离子型聚合物	30～120	0～6	4～16
4	铬冻胶双液法调剖剂	30～120	0～6	3～20
5	水玻璃-盐酸	30～150	0～30	8～20
6	水玻璃-硫酸亚铁	30～360	0～30	3～16
7	水玻璃-氯化钙	30～360	0～30	2～14
8	铝土-水玻璃	30～360	0～30	0～8
9	黏土-聚丙烯酰胺	30～150	0～30	0～8
10	黏土-铬冻胶	30～120	0～6	0～4

根据热采调剖堵剂的抗压性能，对后期的注汽施工、注药剂施工速度进行优化限制，同时优化热采水平井生产参数，确保动液面必须高于一定值，以保护调剖屏障，延长热采水平井调剖控水有效期。

第五节　营 13 东二段油藏热采水平井防窜控水现场试验

在前面的研究中，对热采水平井高含水原因进行了分析，还进行了热采水平井防窜控水堵剂研究，建立了热采水平井堵剂封堵性能评价标准，为热采水平井防窜控水现场试验提供了理论基础。2013 年，在东辛的营 13 平 13 井和营 13 平 16 井先后进行了防窜控水现场试验。

一、营 13 平 13 井防窜控水现场试验

1. 油井资料

营 13 平 13 井于 2011 年 10 月热采新投（表 5-5-1），完井下 D56 泵 × 955.4 m，生产参

数 D56×4.8×3.4,开井后日产液 32.4 t/d,日产油 5.6 t/d,含水率 82.7%,措施前为日产液 21.3 t/d,日产油 0.8 t/d,含水率 96.2%,动液面一直在井口。

表 5-5-1 营 13 平 13 井油层物性表

层 位	井段/m	砂层厚度/m	渗透率/($10^{-3}\mu m^2$)	孔隙度/%	泥质含量/%	原油密度/(g·cm^{-3})	原油黏度/(mPa·s)	地层水型	地层水矿化度/(mg·L^{-1})
东二 2³	1 846～2 047		552	31	8.2	0.94	1 148	CaCl$_2$	16 101

2. 调剖注汽工艺优化设计

1) 施工目的

该井生产东二 2³⁻¹ 层高含水,通过井身轨迹和测井曲线分析,认为该井打穿了油层底界隔层,使得下层油水同层的东二 2³⁻² 和东二 2⁴ 层窜入该井而导致高含水。本次施工封堵 1 905.49～1 943.81 m 井段,然后转蒸汽吞吐,以达到提高该井开发效果的目的。

2) 施工参数

按表 5-5-2 段塞设计,依次注入调剖堵剂,注入速度控制在 0.5 m³/min。

表 5-5-2 调剖施工段塞设计

顺 序	材料名称	数量/t	备 注
1	SY703 阳离子分散凝胶	25	按 2.5%配成 1 000 m³(用清水配)
2	隔离液(水)	10	
3	LY801 阳离子分散凝胶	10	配液 100 m³
4	隔离液(水)	5	
5	复合交联剂	1	配液 10 m³
6	LY801 阳离子分散凝胶	10	配液 100 m³
7	隔离液(水)	5	
8	复合交联剂	1	配液 10 m³
9	隔离液(水)	5	
10	LY801 阳离子分散凝胶	5	配液 50 m³
11	隔离液(水)	5	
12	复合交联剂	1	配液 10 m³
13	LY801 阳离子分散凝胶	5	配液 50 m³
14	高温泡沫驱油剂	2	
15	顶替液	50	正顶替
16	顶替液	50	反顶替
总 计			总液 1 662 m³

在施工过程中,压力控制在 15 MPa 以内,如果压力超过 15 MPa,正清水顶替 5 m³,并迅速接套管,反顶替 30 m³。(按设计要求,配制要求混合均匀,施工连续注入,过程中控制平稳泵入)关井反应 48 h 后再进行后续的注汽施工。

3. 试验过程及效果分析

该井于 2012 年 12 月 9 日 5 时—17 日 7 时进行调剖施工,排量约为 5 t/h,实际累注 770 t,共使用药剂 90 t(追加 30 t,其中 LY801 阳离子分散凝胶 25 t,复合交联剂 5 t),施工 压力最终为 4 MPa(图 5-5-1)。

施工效果分析:营 13 平 13 井于 2012 年 12 月进行了堵水转周热采开发,措施后(图 5-5-2),油井含水从 96.2% 降至 94.5%,效果不是很明显。通过对该井调剖施工的分析可知,营 13 块热采水平井注汽、注液时井底压差普遍大于 5 MPa,而该井调剖施工最高压力仅为 4 MPa,据此分析调剖屏障的抗挤压力未达标,这是该井调剖后依然高含水的主要原因。

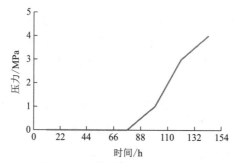

图 5-5-1 营 13 平 13 井调剖施工现场压力变化曲线图

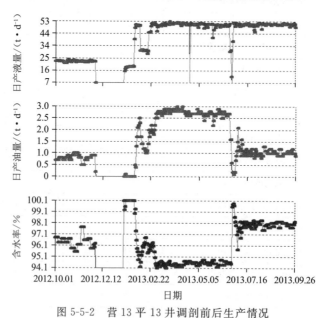

图 5-5-2 营 13 平 13 井调剖前后生产情况

二、营 13 平 16 井防窜控水现场试验

1. 油井资料

营 13 平 16 井油层物性见表 5-5-3,对该井原油进行了 50 ℃时黏温测定(表 5-5-4)。该井于 2012 年 9 月 19 日热采注汽投产,投产初期日产液 27.3 t/d,日产油 14.6 t/d,含水率

46.5%,动液面 98 m。截止到 2013 年 4 月 22 日,累积产油 1 637 t,累积产液 4 458.7 t,堵水转周前,日产液 23.1 t/d,日产油 2.9 t/d,含水率 87.1%。

2. 调剖注汽工艺优化设计

1) 施工目的

通过对地质油藏资料的分析,结合该井的实际情况,该井目前含水上升速度较快,边底水有所突进,为了控制含水上升速度,调整吸汽剖面,此次注汽前采取泡沫驱油剂和阳离子凝胶调剖工艺技术,注汽过程中注入氮气和泡沫驱油剂,抑制边底水的锥进,同时增加地层能量,然后转蒸汽吞吐,以达到提高该井开发效果的目的。

表 5-5-3 营 13 平 16 井油层物性表

层 位	油层井段/m	厚度/m	电测解释	实射井段/m	厚度/m	孔隙度/%	渗透率/(10⁻³ μm²)	泥质含量/%	备 注
东二 2^{3-1}	1 718.9~1 731.4	10.3/2	油 层	1 718.9/1 730	11.1/2	37.4	1 413.4	6.18	侧相位射孔
东二 2^{3-1}	1 734.4~1 743.8	9.4/1	油 层	1 735/1 743.8	8.8/1	36.68	568.24	21.6	侧相位射孔
东二 2^{3-1}	1 773.4~1 795.1	21.7/1	油 层	1 773.4/1 786	12.6/1	36.6	975.54	22.1	下相位射孔
东二 2^{3-1}	1 800.6~1 802.8	2.2/1	油 层	1 800.6/1 810	9.4/1	28.5	42.14	32.26	下相位射孔
东二 2^{3-1}	1 815.9~1 837.6	21.7/1	油 层	1 820/1 832	12/1	37.9	1 509.4	9.76	下相位射孔
东二 2^{3-1}	1 846.9~1 909.0	62.1/1	油 层	1 846/1 850	4/1	37.17	1 571.7	3.59	下相位射孔

表 5-5-4 营 13 平 16 井原油黏温测定(50 ℃)

生产井段/m	化验日期	运动黏度/(mm²·s⁻¹)	动力黏度/(mPa·s)	视密度/(g·cm⁻³)	测定温度/℃	地面原油密度/(g·cm⁻³)	凝固点/℃
1 718.9~1 850.0	2013.02.07	1 436.6	1 318.7	0.917 9	70	0.937	26

2) 施工参数

按表 5-5-5 段塞设计,依次注入调剖堵剂,注入速度控制在 0.5 m³/min。

表 5-5-5 调剖施工段塞设计

顺 序	材料名称	数量/t	备 注
1	SY703 阳离子分散凝胶	10	按 20% 配成 50 m³(用清水配)
2	隔离液(水)	10	
3	LY801 阳离子分散凝胶	10	按 20% 配成 50 m³(用清水配)

顺　序	材料名称	数量/t	备　注
4	隔离液（水）	10	
5	复合交联剂	1	按 10% 配成 10 m³（用清水配）
6	顶替液	80	反顶替 20 m³ 正顶替 60 m³
总　计			总液 280 m³

施工结束后，关井 12 h 以上，然后从油套环空反注氮气 6 000 m³。注汽管线连接试压正常，起炉前 10 h 注入。环空隔热注入完成后，立即倒流程正注氮气 14 000 m³，进行氮气泡沫调剖。

3. 试验过程及效果分析

该井于 2013 年 5 月 15 日 3 时—16 日 18 时进行调剖施工，排量约为 5 t/h，实际累注 210 t，施工压力后期稳定在 6 MPa 左右（图 5-5-3）。

施工效果分析：营 13 平 16 井于 2013 年 5 月进行了调剖转周热采开发，措施后（图 5-5-4），油井含水率从 87.1% 降至 70%，效果明显，改变了该井含水不断上升的趋势。通过对该井调剖施工的分析可知，营 13 块热采水平井注汽、注液时井底压差普遍大于 5 MPa，而该井注汽、注液时井底压差最大为 5.56 MPa，调剖屏障的抗挤压力符合要求，这是该井调剖后效果明显的主要原因。

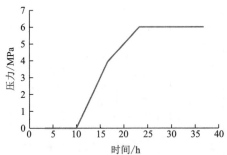

图 5-5-3　营 13 平 16 井调剖施工现场压力变化曲线图

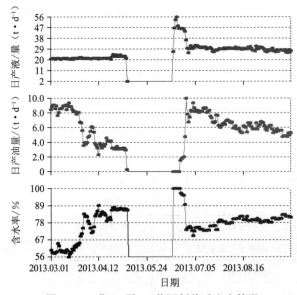

图 5-5-4　营 13 平 16 井调剖前后生产情况

参考文献

[1] 任瑛,梁金国,杨双虎,等. 稠油与高凝油热力开采问题的理论与实践[M]. 北京:石油工业出版社,2001.

[2] 刘慧卿,范玉平,赵东伟,等. 热力采油技术原理与方法[M]. 东营:石油大学出版社,2000.

[3] 陈月明. 注蒸汽热力采油[M]. 东营:中国石油大学出版社,2006.

[4] 李献民,白增杰. 单家寺热采稠油油藏[M]. 北京:石油工业出版社,1997.

[5] 刘喜林. 难动用储量开发稠油开采技术[M]. 北京:石油工业出版社,2005.

[6] 刘文章. 稠油注蒸汽热采工程[M]. 北京:石油工业出版社,1997.

[7] 张义堂. 热力采油提高采收率技术[M]. 北京:石油工业出版社,2006.

[8] 侯健. 提高原油采收率潜力预测方法[M]. 东营:中国石油大学出版社,2007.

[9] 刘文章. 热采稠油开发模式[M]. 北京:石油工业出版社,1998.

[10] 张锐,等. 稠油热采技术[M]. 北京:石油工业出版社,1999.

[11] 侯健,孙建芳. 热力采油技术[M]. 东营:中国石油大学出版社,2013.

[12] Buttler R M. Thermal recovery of oil & bitumen[M]. Englewood Cliffs:Prentice-Hall,Inc. ,1991.

[13] Hu Jianyi, Xu Shubao,Cheng Keming. Geological and geochemical studies of heavy oil reservoirs in China[J]. Chinese Journal of Geochemistry, 1989,8(4):331-344.

[14] Shkidchenko A N,Arinbasarov M U. Study of the oil-degrading activity of Caspian shore microflora[J]. Applied Biochemistry and Microbiology,2002,38(5):433-436.

[15] Hristea G,Budrugeac P. Characterization of exfoliated graphite for heavy oil sorption[J]. Journal of Thermal Analysis and Calorimetry, 2008,91(3):817-823.

[16] Wonmo Sung, Sunil Kwon, Sangjin Kim, et al. Analytical study on the optimum design of producing well to increase oil production at severe cold regions[J]. Korean Journal of Chemical Engineering, 2011,2(28):470-479.

[17] Song Guangshou, Zhou Tiyao, Cheng Linsong, et al. Aquathermolysis of conventional heavy oil with superheated steam[J]. Petroleum Science, 2009,6(3):289-293.

[18] Abdul Majid, Bryan Sparks. Integrated remediation process for a high salinity industrial soil sample contaminated with heavy oil and metals[J]. Emerging Technologies in Hazardous Waste Management 8,2002:39-53.

[19] 博贝格 T C. 热力采油工程[M]. 北京:石油工业出版社,1980.

[20] 万仁溥,罗英俊. 稠油热采工程技术[M]. 北京:石油工业出版社,1998.

[21] 孙树强. 薄层稠油油藏开采技术研究[D]. 青岛:中国石油大学,2005.

[22] 王青. 稠油热采效果评价方法及影响因素研究[D]. 青岛:中国石油大学,2010.

[23] 孙建芳. 稠油渗流模式研究及应用[D]. 北京:中国地质大学,2012.

[24] 路阳. 低渗稠油油藏热水驱油机理研究[D]. 荆州:长江大学,2013.

[25] 周杰. 东辛油田馆陶组稠油热采技术适应性研究[D]. 青岛:中国石油大学,2007.

[26] 谷武. 扶余油田水驱油藏原油性质变化及开发对策研究[D]. 大庆:东北石油大学,2013.

[27] 谷淑化. 高凝油油藏渗流特征及热采方式研究[D]. 武汉:中国地质大学,2013.

[28] 邴绍献. 基于特高含水期油水两相渗流的水驱开发特征研究[D]. 成都:西南石油大学,2013.

[29] 孙彦春. 盘 40 断块底水稠油油藏改善开发效果研究[D]. 东营:中国石油大学,2004.

[30] 姜艳艳. 热水吞吐开采稠油数值模拟研究[D]. 大庆:东北石油大学,2013.

[31] 高丽. 稀油砂岩油藏水驱后蒸汽驱提高采收率技术研究[D]. 大庆:大庆石油学院,2010.

[32] 张彪. 新 19 区块水驱开发效果评价[D]. 大庆:东北石油大学,2011

[33] 王守岭. 永 8 疏松砂岩稠油油藏提高采收率技术研究[D]. 青岛:中国石油大学,2007.

[34] 李莉. 重水淹稠油油藏蒸汽驱可行性研究[D]. 大庆:东北石油大学,2013.

[35] Buchwald R W Jr., Hardy W C, Neinast G S. Case histories of three in-situ combustion projects[J]. Journal of Petroleum Technology, 1973, 25(7):784-792.

[36] Chattopadhyay S K, Ram B, Bhattacharya R N, et al. Enhanced oil recovery by in-situ combustion process in Santhal field of Cambay basin, Mehsana, Gujarat, India—A case study[J]. SPE 89451, 2004.

[37] Akande J M. Analysis of steam injection and in situ combustion methods of mining Agbabu bitumen deposit in Ondo state, Nigeria[J]. Journal of Engineering and Applied Sciences, 2007, 2(10):1 493-1 496.

[38] Long R J. Case history of steam soaking in the Kern River field,California[J]. Journal of Petroleum Technology, 1965, 17(9):989-993.

[39] Putra E A P, Rachman Y A, Firmanto T, et al. Case study:Cyclic steam stimulation in Sihapas formation[J]. SPE 147811,2011.

[40] Wu Shuhong,Liu He,Qian Yu,et al. Steam injection in a waterflooding,light oil reservoir[J]. IPTC 12616,2008:1-9.

[41] Chieh Chu. A comprehensive simulation study of steamflooding light-oil reservoirs after waterflood[J]. Journal of Petroleum Technology,1988,6:894-904.

[42] 霍广荣,李献民,张广卿. 胜利油田稠油油藏热力开采技术[M]. 北京:石油工业出版社,1999.

[43] 张方礼,赵洪岩,等. 辽河油田稠油注蒸汽开发技术[M]. 北京:石油工业出版社,2007.

[44] 杜殿发,陈月明,封伯慰,等. 砂砾岩稠油油藏蒸汽驱数值模拟研究[J]. 油气采收率

技术,1997,4(2):1-7.

[45] 赵洪岩.辽河中深层稠油蒸汽驱技术研究与应用[J].石油钻采工艺,2009,31(S1):110-114.

[46] 张义堂,李秀峦,张霞.稠油蒸汽驱方案设计及跟踪调整四项基本准则[J].石油勘探与开发,2008,35(6):715-719.

[47] 刘斌.齐40断块蒸汽驱试验效果评价方法研究[J].特种油气藏,2005,12(1):3-35.

[48] 张宜泽.提高互层状超稠油油藏开发效果配套技术研究[D].北京:中国地质大学,2008.

[49] 赵明宸.东辛油区断块油藏工艺措施适应性评价及优化配置[D].青岛:中国石油大学,2006.

[50] 张光明.开发中后期油藏精细描述与开发调整研究[D].成都:成都理工大学,2001.

[51] 郑国发.胜坨油田坨7块东一段稠油油藏综合开发调整研究[D].青岛:中国石油大学,2011.

[52] 霍进.水驱后转注蒸汽开发稠油油藏精细油藏描述与数值模拟研究[D].成都:西南石油学院,2004.

[53] 程柯扬.巴48断块稠油油藏水驱调整方案[D].成都:成都理工大学,2011.

[54] 杜礼轩.稠油水淹层测井数据处理及解释方法研究[D].成都:西南石油大学,2010.

[55] 王勤田.临盘油田盘河断块区沙三段精细油藏描述及剩余油分布规律研究[D].武汉:中国地质大学,2003.

[56] 单五一.营8区块剩余油分布及低效循环井层识别研究[D].大庆:东北石油大学,2012.

[57] 尉雪梅.薄层稠油油藏蒸汽吞吐开发筛选标准研究[D].东营:中国石油大学,2004.

[58] Aziz K,Settari T. Petroleum reservoir simulation[M]. London:Applied Science Publishers,1979.

[59] Bland W F,Davidson R L. Petroleum processing handbook[M]. New York:McGraw-Hill Pubilishing Co. Inc. ,1967.

[60] White P D,Moss J T. Thermal recovery methods[M]. Tulsa:PennWell Books,1983.

[61] Clark P D,Hyne J B,Tyrer J D. High temperature hydrolysis and thermolysis of the rahydrothiophene in relation to steam stimulation processes[J]. Fuel,1983,62(5):959-962.